上海出版资金项目
Shanghai Publishing Funds

农业史话

王渝生 主编

杨常伟——编著

中国科技史话·插画本

THE HISTORY OF SCIENCE AND TECHNOLOGY IN CHINA

U0195788

上海科学技术文献出版社
Shanghai Scientific and Technological Literature Press

图书在版编目（CIP）数据

农业史话/杨常伟编著. 一上海：上海科学技术文献出版社，2019 (2020.10重印)

（中国科技史话丛书）

ISBN 978-7-5439-7816-4

Ⅰ.① 农… Ⅱ.①杨… Ⅲ.①农业史—中国—普及读物 Ⅳ.① S-092

中国版本图书馆 CIP 数据核字 (2018) 第 299076 号

"十三五"国家重点出版物出版规划项目

选题策划：张　树
责任编辑：王倍倍　杨怡君
封面设计：周　婧
封面插图：方梦涵　肖斯盛

农 业 史 话
NONGYE SHIHUA
王渝生　主编　杨常伟　编著
出版发行：上海科学技术文献出版社
地　　址：上海市长乐路 746 号
邮政编码：200040
经　　销：全国新华书店
印　　刷：昆山市亭林印刷有限责任公司
开　　本：720×1000　1/16
印　　张：13
字　　数：180 000
版　　次：2019 年 4 月第 1 版　2020 年 10 月第 2 次印刷
书　　号：ISBN 978-7-5439-7816-4
定　　价：58.00 元
http://www.sstlp.com

目录
Contents

目录
Contents

1 中国农书：传统农业科技的宝库

我国农业有悠久的历史，在长期生产实践中积累和创造了极为丰富的农业生产经验，集中反映在浩瀚的历代农业著作中。从春秋战国至清末，官私撰著的农书达500多种，现存尚有300多种，属古代大宗科技文献之一。我国古农书数量大、种类多，既有综合性农书还有月令体农书和专业性农书；既有全国性农书也有地方性农书；既有私修农书也有官修农书。篇幅浩瀚的中国农书是农业生产技术的总结和记录，是我国传统农业科技的宝库，为古代农业科技发展的光辉成就提供了有力的佐证，现今已成为中华民族珍贵的农业文化遗产。

《上农》四篇——古代农业思想最早的系统总结

春秋战国时期，我农业进入了一个新的发展阶段，农业已经成为我国社会头等重要的生产部门，并且具有比较高的技术，为农学著作的产生创造了条件。《吕氏春秋》是秦相吕不韦召集门客集体编撰的一部总结先秦诸子思想学说的"新道家"专著，其中《上农》《任地》《辩土》《审时》四篇（简称《上农》四篇）是我国现存最古老的农书，被

知识链接

农学是我国古代科学技术中取得成就最辉煌的学科之一，在我国古代科学技术中，农学是最基础的学科，其他一切学科以农学为中心，为农学服务。在我国古代的农学史文献中，《氾胜之书》《齐民要术》《陈旉农书》《王祯农书》和《农政全书》被统称为我国古代的五大农书，是我国现存古代农学专著中的杰作。

吕不韦铜像

《上农》

视为传统农业科技奠基之作。《上农》篇讲的是农业理论和政策，《任地》《辩土》《审时》三篇论述了从耕地、整地、播种、定苗、中耕除草、收获以及不违农时等一整套农业生产技术和原则，《上农》四篇是我国先秦时期保留下来的极为珍贵的农业文献。

《上农》位列四篇之首，"上农"即重农，旨在解决人的认识问题。在反复论证农业基础地位的同时，又提出了一系列重农政策和增产措施。

《上农》篇重农思想极为鲜明，且有独到之处，"民农非徒为地利也，贵其志也"。《上农》笔墨浓重地阐述了发展农业生产的重要性，并要求统治者亲力亲为，为天下子民做表率：

> 天子亲率诸侯耕帝籍田，大夫士皆有功业。是故当时之务，农不见于国，以教民尊地产也。后妃率九嫔蚕于郊，桑于公田。是以春秋冬夏皆有麻枲丝茧之功，以力妇教也。

《上农》篇将"敬时爱日"，防止"为害于时"作为扩大土地生产力的关键措施之一。以"当启蛰耕农之务"作为"当时之务"。

> 故当时之务，不兴土功，不作师徒，庶人不冠弁、娶妻、嫁女、享祀，不酒醴聚众；农不上闻，不敢私籍于庸。为害于时也。

不允许弃农经商或从事其他非农业生产的事情，以免误了农时，要保证做好农忙季节劳动力集中于农业的措施。

《上农》篇还体现了保护生态环境的可贵思想。"然后制四时之禁：山不敢伐材下木，泽人不敢灰僇，缳网罝罦不敢出于门，罛罟不敢入于渊，泽非舟虞不敢缘名。"保证动植物繁育生长的禁令，主旨是保护资源。

《任地》篇关于种庄稼必须尊重自然规律，为保持土壤地力就要加强土地改良措施，在一定程度上认识到自然规律的客观性和人类改造自然的能动性。"任地"即尽力扩大土地产出，提出任地技术目标，以及耕作原则、措施方法。《任地》篇要求人们顺应天然之时而为土地生产之利，"天下时，地生财，不与民谋"。是说天时的来到与庄稼因天时而生长，是不以人们的主观意志相违背的自然规律。

《任地》篇一开始便提出适当施肥进行土壤改良，通过洗土、保墒使之能适合庄稼生长。《任地》篇认为可以通过土壤耕作措施使土壤中的水肥等因素达到协调，并提出改良土壤的技术措施：

> 凡耕之大方：力者欲柔，柔者欲力；息者欲劳，劳者欲息；棘者欲肥，肥者欲棘；急者欲缓，缓者欲急；湿者欲燥，燥者欲湿。

土地的利用就是通过人们的耕作管理的劳动，来改变土地的性质，调节土壤的力、柔、息、劳、棘、肥、急、缓、湿、燥等矛盾，使它变得适于耕作。坚硬的土地要使它松软，松软的土地要使它坚实。休耕过的土地要安排种植，连作过的土地要安排休耕。贫瘠的土地要增加肥力，施肥过多的土地要适当控制，以防植物疯长而减产。土壤过湿容易变得板结硬实，通气不良，对作物不利，要进行排水、松土；干燥的土壤又要及时灌溉，调节墒情，不要使土壤过湿过燥。这些措施涉及土质的改良、耕作制度、施肥、保墒的原则，中心是采取具体措施使土壤的肥力和耕性良好，以利于作物增产。

《辩土》篇涉及农业生产全过程，"辩土"即视土性而耕种之意。《辩土》篇已认识到种庄稼要有行列，以利田间通风透光。提出种作

3

物应有行，"既种而无行，耕而不长，则苗相窃也"。而且还规定了行距，"衡行必得，纵行必术。正其行，通其风，央心中央，帅为冷风"。种作物必须注意行距、株距适宜，以利通风透光，作物才能很好地生长。《辩土》篇又说，"故亩欲广以平，畎欲小以深；下得阴，上得阳，然后咸生"。广而平的"亩"，小而深的"畎"，能够下得充足的水分，上得充沛的阳光，作物自然生长得好。

《辩土》篇说到不同的土壤适宜耕作的时期不同，要依据含水量不同而分先后耕作，可以保墒或排水，使其干湿适中，耕后质量好。

> 凡耕之道，必始于垆，为其寡泽而后枯。必后其䵂，为其唯厚而及。饱者䥴之，坚者耕之，泽其䵂而后之。上田则被其处，下田则尽其污。

耕地须先从坚硬的垆土开始，因为它水分少而表土干枯坚硬。后耕软弱的䵂土，虽然后耕却还来得及。饱水的土暂置而缓耕，干燥坚硬的土要先耕，湿软的土而后耕。高旱的上田先耕，使其保存水分。低湿的下田则宜后耕，使其有利排水。

《辩土》篇对于播种技术也提出了改进。疏密要因地而异，"树肥无使扶疏，树硗不欲专生而族居"。在肥土里种植宜密些，薄土种植宜稀些，因为"肥而扶疏则多粃，硗而专居则多死"。

> 苗，其弱也欲孤，其长也欲相与居，其熟也欲相扶，是故三以为族，乃多粟。

苗期应该相互孤立分离，长大后恰好使植株互相靠近，成熟期植株因分蘖增多，植株间互相紧靠在一起，既可防止倒伏，又能最大限度地利用地力和阳光，从而保证获得最高的产量。

《辩土》篇还指出了覆土的要求，"于其施土，无使不足，亦无使有余"。要求覆土厚薄适度，既不要过多，也不要太少。因为"厚土则孽不通，薄土则蕃翳而不发"，覆土无论太厚或者太薄都会影响出苗率，所以覆土一定要适中。

《审时》篇专论农时，"审时"即识时令而农作。起篇就开宗明义："凡农之道，厚之为宝"，指出掌握时令是有无收成和收成多少的关键，总结出"得时之稼兴，失时之稼约"的普遍规律。接着分析了"先时""后时"对作物产量、质量的不利影响，证明只有"得时"，才能苗全苗壮，抗灾力强，成熟度高，使收获的谷物"嗅香""味甘""气章"。讲述了得时、先时和后时对作物产量及品质的影响，详论了禾、黍、稻、菽、麦、麻等作物的"得时"与"先时""后时"的得失，细致而直观地教育人们恪守农时。此篇述论农业生产又一重要因素即天时，指出必须顺从而不能违背天时，用"三才"思想阐明农业与天、地、人之间的相互关系。

《审时》篇明确提出："夫稼，为之者人也，生之者地也，养之者天也"，并深刻地认识到农业生产过程是生物因素与环境因素的统一，人的因素与自然因素的统一。反映了古代劳动人民在长期和自然做斗争的生产实践中，对天（气候、光热条件）、地（水土、生物资源）、和人（劳动力和经营管理技术）三大主导因素及其相互关系的全面认识，并把人的主导作用提到第一位。一方面强调自然再生产过程受自然规律支配不以人们的意志为转移，另一方面又正确指出生产条件是可以改造的，并在一定程度上认识到自然规律的客观性和人类改造自然的能动性。

《上农》四篇首次构建了完整的农业管理模式，形成了相对科学的农业管理思想体系，奠定了国家宏观农业管理的理论和方法基础。《上农》四篇集中反映了战国时期的农学体系，是古代农业科学思想的发端。所记述的深耕、畎亩、慎种、易耨、审时、中耕除草等精耕细作农业技术，直接为后世所继承和发展。它所提出的"上田弃亩，下田弃畎"对后世产生了重大影响，《氾胜之书》继承并发展《辩土》篇所说的耕田方法，《任地》和《辩土》两篇中的畎亩技术可以说是赵过的代田法和氾胜之区田法的先驱。《上农》四篇第一次对农业生产中天、地、人的关系做出科学的概括，把天、地、人三才一统的思想贯彻到全部论述之中。这种精神和原则一直被历代农学著作不断阐发，成为中国传统农业精耕细作中最重要的指导思想。《氾胜之书》所载的"凡耕之本，在于趣时，和土，务粪泽，早锄早获"，以及《齐民要术》中的"顺天时，量地利"，以至明清农书论述的"三宜"理论无不是"三才"思想的再现。《上农》四篇对后世农业发展与管理影响深远，时至今日，其影响犹存。

《氾胜之书》——现存最早的一部重要农学专著

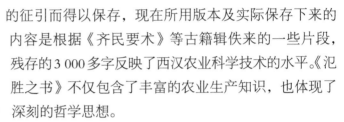

《氾胜之书》是西汉晚期一部重要的农学著作，是现存最早的农书。但该书在两宋之际佚失，其部分内容由于《齐民要术》等古籍的征引而得以保存，现在所用版本及实际保存下来的内容是根据《齐民要术》等古籍辑佚来的一些片段，残存的3 000多字反映了西汉农业科学技术的水平。《氾胜之书》不仅包含了丰富的农业生产知识，也体现了深刻的哲学思想。

氾胜之

氾胜之，我国西汉时期的一位伟大农学家，今山东省曹县人。在今陕西省关中平原地区教民耕种，获得丰收。汉成帝（公元前32—前7）时曾为议郎，后来升作御史。氾胜之曾经"教田三辅，好田者师之"。三辅是地名，在当时长安城附近，今陕西省关中地区，他教民众从事农业生产，对农业生产有兴趣的人也会拜他为师。

《氾胜之书》现存3 000多字，总结了中国古代黄河流域汉族劳动人民的农业生产经验，记述了耕作原则和作物栽培技术，对促进中国农业生产的发展，产生了深远影响。该书总共包括七项内容：耕作的基本原则、播种日期的选择、播种前的种子处理、农作物栽培技术、收获、留种和贮藏、区种法等。农作物栽培技术的记载较为详细，主要作物有禾、黍、麦、稻、稗、大豆、小豆、枲、麻、瓜、瓠、芋、桑13种，奠定了我国古农书中传统的作物栽培各论的基础。书中最突出的是区种法和溲种法，其次如耕田法、种麦法、种桑法、种瓜法、种瓠法、害虫防治法等，都充分地表现出高度先进的农业生产经验。

《氾胜之书》第一次记载了区田法，这是少种多收、抗旱高产的综合性技术。

> 汤有旱灾，伊尹作为区田，教民粪种，负水浇稼。
>
> 区田以粪气为美，非必须良田也。诸山陵近邑高危倾阪及丘城上，皆可为区田。
>
> 区种，天旱常溉之，一亩常收百斛。

基本原理就是"深挖作区"，在特定的土地上，深耕密植，集中而有效地利用水、肥，加强管理，使农作物充分发挥其最大的生产能力，以取得高产。其特点是把农田做成若干宽幅或方形小区，采取深翻作区、集中施肥、等距点播、及时灌溉等措施，典型地体现了中国传统农学精耕细作的精神。由于作物集中种在一个个小区中，便于浇水抗旱，从而保证最基本的收成，最能反映中国传统农学的技术特点。

在种子处理上《氾胜之书》称之为"溲种法"。

> 又马骨锉一石，以水三石，煮之三沸；漉去滓，以汁渍附子五枚；三四日，去附子，以汁和蚕矢羊矢各等分，挠令洞洞如稠粥。
>
> 薄田不能粪者，以原蚕矢杂禾种种之，则禾不虫。
>
> 至可种时，以余汁溲而种之。

用马骨煮出的清汁，泡上中药附子，加进蚕粪和羊粪中，搅成稠汁，裹在种子外面，晾干，等候下种。经过处理的种子播种到地里，既可以避免虫害，又有肥料可供萌发后备用。这样播种后，幼苗可以及时取得足够的养料，增强植株的抗旱、抗虫能力，生育良好。

在《氾胜之书》中，抗旱种麦的技术措施是：

麦图

当种麦，若天旱无雨泽，则薄渍麦种以酢浆并蚕矢，夜半渍，向晨速投之，令与白露俱下。

秋雨泽适，勿浇之。

秋旱，则以桑落时浇之。

雨泽时适，勿浇，浇不欲数。

种麦时，如果天旱无雨，可用酸粉浆少量浸麦种。半夜浸泡，早晨赶紧播下，这是争取苗全、苗壮的好办法。在浇水灌溉方面提出建议，如天旱就在桑树落叶时浇，若雨水来得适时且土壤有墒就不用浇。浇的次数不可太多。

《氾胜之书》对种子问题非常重视，对于如何选种、贮藏、防潮、防热、防虫都做了具体规定。提出麦种、禾种的穗选法，用穗选法保持作物品种的纯度。

取麦种，候熟可获，择穗大强者斩，束立场中之高燥处，曝使极燥。无令有白鱼，有辄扬治之。取干艾杂藏之，麦一石，艾一把；藏以瓦器竹器。顺时种之，则收常倍。

在禾麦成熟之后，选择穗大粒壮的留下来，扎成把子，放置在打禾场中向阳干燥的地方，待其晒干后，用艾叶防虫，麦种一石用艾一把夹杂其中，用瓦器或竹器贮藏，按时播种，可取得事半功倍的成效。这是古代文献中关于穗选法的最早记载。

《氾胜之书》所述"种桑法"是了解汉朝桑树培植和树型养成的关键史料。

每亩以黍、椹子各三升合种之，黍、桑当俱生，锄之，桑令稀疏调适。黍熟，获之。桑生正与黍高平，因以利镰摩地刈之，曝令燥，后有风调，放火烧之，当逆风起火。桑至春生，一亩食三箔蚕。

　　黍、桑同时播种，间作套种，黍、桑一起长出后，对桑行中的桑进行间苗，锄掉多余的桑，使稀疏得当。等到桑行之间的黍成熟了，割取黍穗，桑苗就与黍的秸秆一样高，用快镰割掉黍秆，晒干，等到风力、风向合适的时候，放火将桑行间的黍秆迎风烧掉，再把草木灰培于桑苗下作为肥料。

　　农业害虫防治是《氾胜之书》的重要内容，以农业防治为主要内容并辅以药物防治的措施。《氾胜之书》中虫害农业防治措施是利用农作物生产过程中一系列耕作栽培管理技术措施，合理轮作、间作套种、土壤深耕与晒冻、选用抗虫品种、科学播种、田间管理以及合理施肥、灌溉，有目的地改变害虫生活条件和环境条件，使之不利于害虫而有利于农作物生长发育。药物防治有如下方法：在拌种原料中加入附子，在收获谷物中夹杂艾草，还有用蚕粪拌种等动物性药物防治害虫。

　　《氾胜之书》把整个农作物栽培过程当作一个有机整体来研究，相互联系、密不可分。指出"凡耕之本，在于趣时，和土，务粪泽，早锄早获"是耕作栽培的总原则，包括了"趣时""和土""务粪""务泽""早锄""早获"6个达到丰产目的不可分割的基本环节。"趣时"就是及时耕作，体现在耕作、播种、施肥、灌溉、收获等各个环节中。"和土"就是利用和改良土地，为作物生长创造一个结构良好、水分、温度等各种条件相互协调土壤环境，以充分发挥"地利"。"务粪、务泽"就是施肥和保墒灌溉，"早锄"就是及时中耕除草。

知识链接

　　"田有六道，麦为首种"，这是《氾胜之书》种麦条的首句。"田有六道"就是人们在地里进行的种植活动，按一年的天时，共经历六次的收获和种植的交替。春季、夏季和秋季三次播种，夏季、秋季和冬季三次收获，即种三次收三次。一年之中，有种有收，按天时共有六道程序，故谓之六道。"麦为首种"是说一年之中收获最早的是初夏的麦收，"首种"是最重要的农作物品种之意。汉朝的农业比较发达，为了解决春夏之交粮食供应青黄不接现象，开始利用原先休闲越冬的一大段时间。宿麦（冬麦）加入到种植行列，作为接绝续的粮食地位则不断上升，开始强调"麦为首种"，初夏麦收是解决青黄不接的重要粮食。

耕作必须"趣时"，只有"趣时"方可达到"和土，务粪泽"的目的。《氾胜之书》认为土壤管理、保墒和保肥是相互联系的，耕作只有赶上时令，才能使土壤和解，才能保证供给植物生长发育所需的水分和肥力。无论"趣时""和土"或"务粪、务泽""早锄早获"，都以发挥人的主观能动性为前提。贯彻其中的一根红线就是"三才"理论，《氾胜之书》的"耕之本"正是"三才"理论在耕作栽培方面的具体化。

《齐民要术》——论述北方旱农技术的经典农书

《齐民要术》

贾思勰

《齐民要术》系统地总结了6世纪以前中国农业生产经验和理论知识，全面地反映了当时黄河中下游地区的农业生产情况和技术措施，是迄今世界上完整保存下来的最早、最有价值、最系统的一部杰出的农业科学名著，也是研究我国农学史的主要文献。《齐民要术》对后世农学影响很大，元朝司农的《农桑辑要》，王祯的《农书》，明朝徐光启的《农政全书》和清朝的《授时通考》，从体例到取材基本上都是采自《齐民要术》。

《齐民要术》作者贾思勰是北魏一位杰出的农学家，山东益都人。曾任北魏高阳郡（今山东省临淄县）太守。他平时关心农业，具有丰富的农事知识。一生研究了大量的古代农业文献和农谚，并且访问老农，考察农业生产的实际情况，足迹遍及山西、河南、河北、山东等地。后来回乡经营农牧业生产，结合自己的观察和实验，在533—544年，写出了内容丰富的农业百科全书《齐民要术》，流传后世。

《齐民要术》全书十卷，"起自耕农，终于醯醢"，共92篇，约115 000余字。《齐民要术》是研究北朝时期物质生产及社会生活的重要史料，"齐民"就是"平民"，"要术"就是谋生的重要方法。全书内容丰富，涉及范围之广泛，是古代中国一部包括农、林、牧、副、渔的综合性农书。分别论述各种农作物、蔬菜、果树、竹木的栽培，家畜、家禽的饲养，农产品加工及副业等，真可谓中国农业科学之大全。书中所记农业技术，如作物轮栽的广泛应用、留种田的设置、品种的合理分类、梨树的早熟嫁接、树苗的多种繁殖方法、家畜家禽的去势和肥育技术，以及各种农产品加工的经验等，都显示了相当高的水平。

《齐民要术》把握住了旱地保墒农业技术的精髓，是我国北方旱农技术的一部经典著作。《齐民要术》记载了生产实践中"耕—耙—耢"相结合的耕作技术，形成了一套完善的防旱保墒技术体系，可以很好地做到"天旱地不旱"。

《齐民要术》第一次记载了"耕—耙—耢"紧密配合的防旱保墒耕作技术：

> 耕荒毕，以铁齿、榛再遍耙之，漫掷黍穄，劳亦再遍。明年，乃中为谷田。
>
> 凡种下田，不问秋夏，候水尽地白背时，速耕、耙、劳，耙，白驾反。频烦令熟。
>
> 其高田种者，不求极良，惟须废地。……亦秋耕，耙、劳令熟。至春，黄场始章反纳种。

《齐民要术》通过不同的农业耕作技术，针对不同作物的具体生长特点应用具体的耕作方式，达到抗旱保墒高效利用土地的目的。

> 春，地气通，可耕坚硬强地黑垆土。
>
> 草生，复耕之；天有小雨，复耕和之，勿令有块以待时。所谓强土而弱之也。
>
> 土甚轻者，以牛羊践之，如此则土强。此谓弱土而强之也。
>
> 凡种小麦地，以五月内耕一遍，看干湿转之，耕三遍为度。

不同的农业生产对土壤条件的要求不同，通过相应的耕作方法，实现干硬的土块变成松软的土壤以及松散的土块变成较硬的土块的转换。根据小麦的生长特性，小麦生长季多为干旱少雨的季节，多次耕地，增强土壤蓄水能力，增加墒情，可增强小麦的抗旱能力。

《齐民要术》总结了一套比较科学的选种留种、良种繁育以及贮藏与保纯的技术措施，反映了我国古代劳动人民系统育种的丰富经验和成就，对于促进农业生产起着重要的作用。

> 种杂者，禾则早晚不均；舂复减而难熟。粜卖以杂糅见疵，炊爨失生熟之节，所以特宜存意，不可徒然。

晒谷图

书中强调应特别注意对种子的保纯，品种不纯，就会导致出苗不整齐，成熟期不一致，影响产量和品质。

> 粟、黍、穄、粱、秫，常岁岁别收，选好穗纯色者，劁刈高悬之，至春治取别种，以拟明年种子。

这是对连年穗选，种植种子田的经验总结。作为种子每年都要分别收取，选择穗好色纯的植株，挂在高处。到春天脱粒，另外单独种在留种田里，准备做来年大田的种子。

> 其别种种子，常须加锄。先治而别埋，还以所治襄草蔽窖。

另外种的种子田，要常常中耕。种子要先收打，然后单独贮藏，贮藏时要用秸秆遮蔽地窖口。

取禾种，择高大者斩一节下，把悬高燥处，苗则不败。

种伤湿郁热，则生虫也。

凡五谷种子，浥郁则不生，生者亦寻死。

　　强调对种子要单收、单打、单藏，并强调贮藏要干燥通风，防止潮湿。这种藏种忌湿的经验，对于保存种子起到了良好的作用。

　　《齐民要术》对播种前选种和种子处理也极为重视。

（谷类）将种前二十许日，开出水淘。即晒令燥，种之。

（水稻）净淘种子。

地既熟，净淘种子；渍经三宿，漉出；内草篇中裹之。复经三宿，芽长二分。

　　播种前晒种能提高发芽率，为提高种子出苗率和保证齐苗、壮苗需用水选法选出发育充实的种子。对于种子处理，先让水稻种子经泡水，再淘净、去浮粒，除稗子，浸三昼夜，放入草鞘进行保温、保湿处理。再经三昼夜，芽长二分，即可播种。

　　《齐民要术》所总结的畜牧生产的经验也相当丰富，饲养牲畜要勤，对它们的使用需要劳逸结合。役用家畜饲养管理的总原则是"服牛乘马，量其能力；寒温饮饲，适其天性"。役使上不宜过度疲劳，喂料上根据牲畜的特性，合理地进行饲养管理。牧羊的总原则是"春夏早放，秋天晚出"，放羊还要注意"缓驱行，勿停息"。在放牧时间上，因季节寒暖而有所区别。在放牧方法上，要慢走慢游，以增加采食量。"既至冬寒……青草未生时，则须饲，不宜出牧"，所以要贮草越冬。广泛种植苜蓿、收割青草，采取以栽培豆科、禾本科混合牧草为中心的贮备冬草措施。在家畜、家禽肥育方面，采用掐尾法、阉割法、

《齐民要术》节选

限制运动和加喂精饲料等技术措施。

《齐民要术》是我国传统生态农业的重要渊源，蕴含着丰富的生态农业思想和可持续发展系统观。注重天时、地利和人和三要素的最佳结合运用，以及农业系统与外部环境的统一优化。

《齐民要术》全面继承、深化"三才"思想，认为农业、环境和人力是相互联系的整体，根据环境发挥人力，可以实现人力、农业效能的最大化。

> 顺天时，量地利，则用力少而成功多。任情返道，劳而无获，入泉伐木，登山求鱼，手必虚。迎风散水，逆坂走丸，其势难。

这是《齐民要术》生态农业思想的基本前提，认为农业中的各要素是相互联系的有机整体。为确保农业生产可持续发展，必须重视对环境状况、人力作用及作物特性等各要素的发挥，充分考虑农业、环境、人力三者的特性及联系。

《齐民要术》致力于农业系统内部自组织化的提高，充分利用各农作物间的密切联系，积极利用这种联系以实现农业种植的目的。《齐民要术》中记述"蓬生麻中，不扶自直"，意为利用麻来帮助槐树苗直立生长，这就是注意到不同作物的特性创造了作物生长的有利条件。将豆科作物和其他作物轮作或间作，既可增进地力，又可增加产量。这些正符合了系统自适应机理，多种作物相互影响，使系统与环境相适应，从而显示出一种整体效益。

在农业生产中，《齐民要术》对人力作用的发挥持辩证态度，既主张充分发挥人力的作用，又主张人力的发挥要顺应时势，量力而为。书中引《仲长子》"天为之时，而我不农，谷亦不可得而取之"的说法，提出"凡人家营田，须量己力"，引古训"时不与人游……时难得而易失也"。因此，《齐民要术》则主张人力的发挥不是孤立的，需要考虑"时"和"势"的因素，合理发挥人力。

《齐民要术》总结了战国秦汉以来在黄河流域中下游农业生产实践所积累的经验，介绍了选种、浸种、施肥和轮作等精耕细作的方法，讲述了谷物、蔬菜、果树和林木的栽培方法，记载了家畜、家禽和鱼类的饲养方法等。在耕作技术方面提出了土地利用、整地做畦、灭草保墒、播种匀苗、中耕除草等措施和理论。在畜牧业方面，总结了北方游牧民族多年的生产经验，强调农业生产要遵循自然规律，才能用力少而收获多。《齐民要术》对我国传统农业经济的发展、技术的进步、文化的积累等进行了比较客观的总结与归纳，其体例结构是中国古农书农学体系的奠基之作。

《齐民要术》记载了古代酿醋的 23 种方法，根据原料作用情况可粗略地分为粮食作物做醋、加曲做醋、用酒或酒糟做醋、其他做醋方法四类。酿醋中原料的选用及处理是一个很重要的方面，麦、秫米、大麦、小麦、粟米、酒糟、烧饼、蜂蜜、酒等都是很好的酿造原料。为了提高原料的利用率，提高醋的质量，对原料还要进行蒸煮，或做成烧饼。水量的多少是酿醋技术的一个关键所在，控制不同阶段的含水量，有利于发酵不同时期优势菌的形成、生长。第一阶段采用低水分，利于细菌、酵母菌的生长与繁殖，为曲霉生长创造了良好的条件，使霉菌孢子迅速发芽、生长，从而完成淀粉的糖化过程。然后再向醋醅中加入一定量的"新汲井水"使醋醅水分增加，酵母菌开始繁殖，由酵母菌把单糖物质转化成酒精（或醇类物质）是酿醋发酵的第二阶段。随着酒精浓度的增加，单糖物质的减少，增加水分，使原料的水分活性增加，醋酸菌开始大量繁殖，使酒精（或醇类物质）转化为醋酸，完成醋酸发酵的第三阶段。

酿醋图

《陈旉农书》——第一部系统记述南方农业的农书

宋朝是我国农业生产快速发展时期，也是我国农学史上的兴盛时期。宋以前的《氾胜之书》《齐民要术》等农书都是讲述黄河流域的"旱农"生产技术，农作物以黍稷、小麦为主，其生产技术基本不适用于长江下游地区。到了宋朝，处于经济逐渐繁荣阶段的长江下游水稻蚕桑生产的"泽农"地区，迫切需要一本讲述本地农耕技术的农书，借以指导当地的农业生产。《陈旉农书》为南宋陈旉所著，是第一部反映总结长江流域以经营水田为主的"泽农"专著。南宋绍兴十九年（1149）成书，经地方官吏先后刊印传播。明朝收录《永乐大典》，清朝收录多种丛书，18世纪时传入日本。

陈旉，生于南宋偏安时期，典型的全真教道士，自号西山隐居全真子，又号如是庵全真子。陈旉不求仕进，在真州（今江苏省仪征市）西山隐居务农，晴耕雨读，"释老氏、黄帝、神农氏之学"。陈旉是研究我国南方农业的第一位学者，对我国传统农学的发展做出过重要的贡献。他根据古代文献、前人经验，尤其是自身参加农业生产得来的实践知识，著成《农书》三卷。

《陈旉农书》约12 000余字，分上、中、下三卷。上卷讲农作，论述农田经营与水稻栽培，是全书的主体；中卷为牛说，论述耕牛的经济地位、饲养管理及牛病防治；下卷讲蚕桑，论述种桑养蚕的培育和管理技术。三卷合一，既各成体系，又相互联系。它不仅叙述各项生产技术，并对其中所出现的问题及原理也都有较完善的概述，从而构成一部综述性农书。既是作者本人丰富的农业生产实践经验的总结，又是对前人农书的继承和发展，极具理论与实践特色。

《陈旉农书》　　　　　　陈旉　　　　　　农田经营

《陈旉农书》认为不同的时令、气候应因时制宜进行耕作，从事农业生产就是要遵循节气变化的规律。"在耕稼盗天地之时利"，耕种农作物必须准确掌握季节变化的规律和阴阳的消长。"农事必知天地时宜，则生之、蓄之、长之、育之、成之、熟之、无不遂矣"，在"顺天地时利之宜"基础上，才能谈及各种农作物的栽培。"能知时宜，不违先后之序，则相继以生成，相资以利用，种无虚日，收无虚月。"根据时宜，安排多种作物的配合经营。

《陈旉农书》提出了不同的土地应因地制宜进行治理，论述了对高田、低田、坡地和湖泊的利用。指出土地的自然面貌和性质是多种多样的，要按照不同的情况采取不同的措施。"高下之势既异，则寒燠肥瘠各不相同。……故治之各有其宜"，土地的自然状况不同，其开发利用方式也应有别，这是因地制宜原则的科学理论基础。利用高田要根据作物生长的需要，判断灌溉用水的多少，"舍得"用一定的田地挖水塘来蓄水以保证灌溉用水。治理低田，则需因势利导挖沟泄水以防水淹。利用坡地，则是做到农牧结合，地里种蔬菜、大麻等，地边上种桑、放牛，达到最大限度地利用环境所提供的资源，同时又能与环境友好相处。

《陈旉农书》强调施肥是补充土壤肥力，使地力"常新壮"的最重要措施。肥料不仅可以改良土壤，还可以用来维持并增进地力。突出的思想是想方设法开辟肥源，多积肥料，提高肥效，避免损失。书中介绍了粪屋积肥法、火粪制造法、沤池积粪法和发酵制粪法这四种堆积肥料的方法，都是利用农民生活中的废弃材料，如糠秕、枯叶等，然后通过相应的方法使之变成宝贵的肥料。陈旉把农业经营管理视为生产成败的关键因素，最早提出了"地力常新壮论"

施肥

"粪药说"等一系列的农业经营管理理论，并把这些理论与长江下游地区实际的农耕实践结合起来，解决了农业生产中地力衰竭的问题。

《陈旉农书》第一次用专篇较系统地谈论耕牛，认为牛在农业

　　地力常新壮论，是我国古代关于土壤肥力的一个重要学说，它的萌芽可以追溯到战国时期，而形成一种学说，则始于宋朝的陈旉。唐宋时期，我国农业生产增长很快，土地利用率有了很大的提高，如何保持和提高土壤肥力以适应农业生产的需要，到了宋朝已成为突出的问题。陈旉认为，土壤也要养护，只管种植，不问养护，时日一久，地力必然散衰。如果重视施肥，或掺加新土，土壤就能改良，地力也能提高，并且能保持地力常新壮。这就是我国古代著名的地力常新壮论。

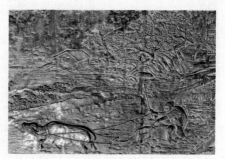

古代农业牛耕图

生产中具有重要作用。以江南水牛为主，讲述如何养牛、役牛以及如何治疗病牛等，并且阐述耕牛在农业乃至国民经济中的重要地位。首次在农书中明确提出"牛之功多于马"的论点，认为牛为农家之本，"岂知农者天下之大本，衣食财用之所从出，非牛无以成其事耶"。为养好并用好牛，指出"必顺时调适之"的饲养管理总则。对使役的牛，白天放牧当"必恣其饱""新草未生"之际，用干净的细草加水拌以麦麸、谷糠或豆等"槽盛而饱饲之"。要使牛"气血常壮"，还必须喂夜草，春夏草茂时，夜草须是"刈新刍，杂旧藁，剉细和匀"，其余季节取净藁细剉，与麦麸、谷糠等，微湿拌匀饲喂。在使役方面，"勿使太劳"，应"时其饥渴，以适其性"，这样则可保持"血气常壮"。

　　《陈旉农书》是论述南方水稻区域栽培水稻技术的第一部农书，讲述水稻的种植栽培技术。水稻秧田育苗技术要"善其根苗"，选好秧田，适时播种，施足基肥培壮秧苗。秧田不宜施用大粪，宜用火粪及窖烂麤谷壳。整田技术指出，早熟田收获后，翻耕、整地后施足基肥，种上小麦、蚕豆、油菜等能熟化土壤及培肥地力；晚田收获后，等待来春残茬腐朽后，使土壤熟化容易耕作，节省牛力。中耕除草技术指

　　《陈旉农书》在"牛说"的"医治之宜篇"中，还讲述了牛畜等传染病的防治方法："方其病也，熏蒸相染，尽而后已。"陈旉在这里指出了传染病是"气相染"所致，并提出采取"隔离"的措施，可以防止交叉传染，这在兽医学上是一个了不起的进步。

出，耘除的草要深埋在稻苗根下，草腐烂而泥土肥美。烤田技术认为，依次向上，逐块放水耘田、晒田。稻田晒到泥土干裂见稻白根，以防止水稻倒伏，促进发根和养分吸收的作用。

《陈旉农书》分析了种桑养蚕的经验技术，既有桑树嫁接技术、桑苗的种实繁殖法、压条繁殖法的详细记载与说明，还有家蚕选种、留种与饲养管理等技术经验。"种桑之法"中说："种桑自本及末，分为三段"，分别从选种、育种、耕地、栽培、管理等各个阶段分析了种桑的经验技术。施肥

的技术贯穿种桑技术始终，制肥方面表现在沤粪法和保肥措施的发展，将田间杂草就地掩埋沤烂作肥，糠粪沤制肥料。施肥方面，重视基肥与种肥的同时，首次提出了多次追肥，并有结合中耕除草进行追肥的创新。陈旉提出了桑苎套种技术，"若桑圃近家，即可作墙篱，仍更疏植桑，令畦垄差阔，其下遍栽苎。因粪苎，即桑亦获肥益矣"。收蚕种如同"婴儿在胎中，受病出胎，便病难以治也"，讲述蚕种收与藏的办法。要选良种，必须自己摘种，同时应该把选种过程贯穿到茧、蛾、卵及蚕的饲养全过程中去；还强调饲养过程中要随时注意蚕的眠起齐一，这样既不影响当代蚕的健壮，而且还能保障下一代蚕的健康。

《陈旉农书》属于道教农书，是我国南宋七部隐士农书之一，也是我国南方重要的农书之一。它既有道教农书的特点，继承了我国道家和道教中的哲学思想和技术体系，也融摄和批判了农史上其他农书的内容，继承了我国南宋以前的传统农学思想。《陈旉农书》对我国宋朝以后农学思想的发展产生了十分深刻的影响，在我国农学思想史中起到承上启下的作用，直接成为《便民图纂》的直接理论来源，也间接影响了南宋以后大多数农书思想体系的形成和发展。

《王祯农书》——农业科学史上第一部百科式全书

木活字印刷——转轮排字盘

《王祯农书》是元朝的一部综合黄河流域旱田耕作技术和江南水田耕作技术的大型农书，是我国农业科学史上第一部百科式全书。《王祯农书》里无论是记述耕作技术，还是农具的使用，或是栽桑养蚕，总是时时顾及南北的差别，致意于其间的相互交流。不仅包括有关农业各个方面的知识，还讲到林业、畜牧业、副业、渔业等知识。书中对各种田名、农具、灌溉工具、纺织工具等都绘有详图，并附上说明。《王祯农书》提出中国农学的传统体系，对广义农业生产知识作了较全面系统的论述。

王祯（1271—1368），字伯善，元朝东平（今山东省东平县）人。中国古代农学家、农业机械学家。元成宗时，王祯曾担任宣州旌德及信州永丰县尹。王祯在旌德和永丰任职时，体察民情，劝导农业，廉政爱民，政绩斐然，时人称赞他"惠民有为"。王祯在他的毕生事业中，认为吃饭是百姓的头等大事，自己作为地方官，更应尽到"劝导农桑"的职责。因此，他每到一地，总要教农民种植，推广先进耕作技术。王祯不但是我国古代一位伟大的农学家，而且还是一名出色的印刷技术革新者。他曾针对毕昇发明的胶泥活字印刷术的缺点，经过多次改进试验，终于创制了用木活字印刷的巧便之法，并进一步创造了转轮排字盘。王祯发明的木活字印刷术，在元朝时就得到了推广，明清时期的绝大多数古典书籍都是采用木活字印刷。

《王祯农书》共13万余字，200多幅插图。共分《农桑通诀》《百谷谱》和《农器图谱》三部分，其中《农器图谱》约占全书的五分之四，是全书的重点。书的分卷称为"集"，三部分各为起讫。《农桑通诀》6集26目，《百谷谱》11集83目，《农器图谱》20集261目，共37集370目。

《农桑通诀》是全书总论，贯穿着农本观念与天时、地利、人力共同决定的思想，讲述我国南北方的自然条件、作物种类、耕作制度、

不同的操作方法等。独创分篇总论的体例，论述
垦耕、播种、中耕、肥水管理及收获贮藏，兼
论果木、栽桑、畜禽、鱼、家蚕、养蜂。以农事、
牛耕、蚕事起本三篇作为开卷，以明农桑的起源，
使当时的人们对广义的农业以及生产中的自然
规律有了清楚的认识。耕垦、耙耢、播种、锄治、
粪壤、灌溉、收获、种植、畜养、蚕缫等泛论
有关农、林、牧、副、渔的技术和经验，授时、
地利两篇叙述时宜与地宜，劝助、蓄积、孝弟
力田、祈报等篇反映了传统农本思想。

授时、地利与孝弟力田三篇说明天时、地
利的作用与"力田"的重要性。授时的基本思
想是：天时虽不为人力所左右，但是可以了
解它的变化规律，从而抓紧有利时机进行农
事，以求获得丰收。地利篇阐述了各种作物
都有各自的特性，从播种、发育生长到成熟都各有一定
的适宜时期和一定的自然环境。所以，农业生产必须掌握季节，重
视自然条件与作物的关系。耕垦、耙耢、播种、锄治、粪壤、灌溉、
收获等专论作物栽培过程中的一些共同基本措施，在作物栽培学中
有不少技术与见解比前人有了新的创造和进步。种植、畜养、蚕缫
是作为农家副业，泛论了桑树、果树的栽培技术和养蚕、缫丝的方
法，介绍了马、牛、羊、猪、鸡、
鹅、鸭、鱼和蜜蜂的饲养管理方法。
劝助篇是希望官吏要学习农业生
产常识，蓄积篇是劝教民众勤俭
持家。

《农桑通诀》部分透露出"天
地人物的和谐与统一"的重要农
学思想，授时、地利与孝弟力
田阐发的思想正是"天、地、人"

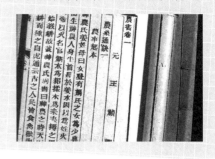

田图

《王祯农书》对我国桑树嫁接技术做了总结，这是现存古农书中关于嫁接技术最完整的记载。王祯把桑树嫁接分为六法：身接、根接、皮接、枝接、靥接、搭接。身接、根接、枝接属古老的嫁接方式，靥接相当于现在的芽接，搭接相当于现在的舌接，皮接相当于现在的腹接，这在一定程度上反映了700年前我国桑树栽培技术已有相当高的水平。王祯还认为"凡桑果以接博为妙，一年后便可获利。昔人以之譬螟蛉子，取其速肖之义也"，不但认识到种内有杂交优势，同时也看到种间杂交有更大的杂交优势，对嫁接成活的生理机制也作了比较合乎科学道理的推断，他指出嫁接之所以成活是"一经接博，二气交通"的缘故。

王祯根据我国历史经常发生水旱蝗虫灾害的情况，提出了"当为思患预防之计"，特撰写了《备荒说》，附《百谷谱》之后，阐述了"备旱荒""救水荒"，以及"备虫荒"的技术措施。此外还增添了"蓄积之法"，教导人们用先进技术，把粮食贮藏好，以防灾年。

的和谐与统一。因为"天气有阴阳寒燠之异，地势有高下燥湿之别"，所以"顺天之时，因地之宜，存乎其人"。人们在农业生产中的主要任务，就是协调生物有机体同外界环境条件（天和地）的关系，做到"人与天合，物乘气至"，才能夺取农业的高产丰收。人们的各项农事活动都要和自然规律相吻合，同时要使农业生物的生长发育和阴阳二气的进退消长的规律相适应。只有人们在农业生产中做到了"人与天合，物乘气至"，才真正实现"天地人物的和谐与统一"。

《百谷谱》依次讨论各种农作物的来源、分类和种植栽培的方法。把各种作物分成若干属（类），然后再一一列举每属（类）的各种作物。以黄河流域和江南对比，叙述谷子、水稻、麦等粮食作物，谈及瓜、菜、果树及经济作物的栽培、保护、收获、贮藏和利用等技术方法。

《王祯农书》对利用阳畦生产韭菜有精确的记载："又有就阳畦内，冬月以马粪覆之，于迎风处随畦以蜀黍篱障之，用遮北风，至春其芽早出，长可二三寸，则割而易之，以为尝新韭。"冬天做成阳畦，利用马粪来发热壅培旧韭菜根，在早春时节取得新韭。《王祯农书》还具体介绍了温室囤韭黄的技术，"至冬移根藏于地屋荫中，培以马粪，暖而即长，高可尺许，不见风日，其叶黄嫩，谓之韭黄。比常韭易利数倍，北方甚珍之"。冬天挖掘出韭根移藏于地屋中，用马粪培壅，使韭根从马粪酿热增温中得到暖气，韭芽伸长。这种生产韭黄的方式是这一时期的一项农业技术发明，至今仍有实用价值。

图文并茂的《农器图谱》是《王祯农书》的创举，讲述了各种农业工具的起源、构造原理和使用方法。把百余种农业工具、器械绘成图谱，并附有简要的文字说明，收到了图文并茂的效果。不仅搜罗和形象地描绘记载了当时通行的农具，还将古代已失传的农具经过考订研究后，绘出了复原图。"每图之末，必系以铭赞诗赋，亦风雅可颂"。不仅农书的文和图与农学直接相关，而且每图之末所附的诗歌也包含了丰富的农学信息，尤其是在农器发展趋向和农器推广方面具有重要的农学意义，是农书的有机组成部分。

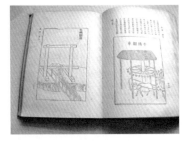

《农器图谱》

《农器图谱》所采用的文、图、诗并行的体例在中外农书撰写史上都是罕有的情况。这些农器诗内容丰富，虽然与文字部分的内容有时会有交叉，甚至重叠的情况，但更多诗的内容与文字部分有所不同。从农学角度说，《农器图谱》的农器诗直接反映了当时农器的发展趋向和农器推广状况，也补充了附文对于农器知识叙述的不足，对宣传和普及农学知识有很大裨益。王祯的图学思想和大量绘图实践，使得中国古代农学研究迈向系统性与科学性的新纪元。

水磨模型

知识链接

多功能的水轮机械"水轮三事"机。王祯在他的《农书》中设计了一种由普通水磨改装而成的新机械——农产品加工工具"水轮三事"机，是"水转轮轴可兼三事：磨、砻、碾也"。机械的装置和操作方法是：在水滨装置水轮，水轮的轮轴带动一盘水磨。在下部固定磨盘的外围，凿出供碾砣回旋滚动的圆槽。砣干固定在磨轴上，由水轮带动。砻是一种由可转动的上部和固定的下部合成类似于磨的脱壳工具，"水砻"利用水力代替人力或畜力，"下置轮轴，以水激之，一如水磨"。

《农政全书》——治国治民农政思想的特色农书

　　《农政全书》是我国古代五大农书之一，明朝徐光启所著，基本上囊括了明朝农业生产和人民生活的各个方面。与其他纯技术性的大型农书不同，《农政全书》将"农政"摆在了首位，始终贯穿着治国治民的"农政"基本思想。《农政全书》体现科学求实的态度和严谨治学的精神，著者徐光启勤于咨访，不耻下问，亲自试验，破除成见，所以能够在杂采众家的基础上兼出独见。《农政全书》不仅仅是有关古代农业的百科知识，而且还能够了解一个古代科学家严谨而求实的大家风范。

《农政全书》

印有徐光启头像的邮票

　　徐光启（1562—1633），字子先，号玄扈，上海人，生于明嘉靖四十一年（1562），卒于崇祯六年（1633），明末杰出的科学家。他从事农事试验与写作，总结出许多农作物种植、引种、耕作的经验。写出了《甘薯疏》《芜菁疏》《吉贝疏》《种棉花法》《代园种竹图说》《北耕录》《宜垦令》和《农遗杂疏》等农业著作，为编撰大型农书奠定了坚实的基础。明天启二年（1622），徐光启开始搜集、整理资料，撰写农书。明崇祯元年（1628）后，由于忙于负责修订历书，直到死于任上，徐光启也无暇顾及农书的最后定稿。以后由他的门人陈子龙等负责修订，于崇祯十二年（1639）刻板付印，并定名为《农政全书》。

　　《农政全书》分为农本、田制、农事、水利、农器、树艺、蚕桑、蚕桑广类、种植、牧养、制造、荒政12目，共60卷，50余万字，是我国古代农书中篇幅最长的一部。《农政全书》可分为农政措施和农业技术两部分，从以往单纯研究生产技术上升到探讨农业政策，重视对发展农业生产的有关政策、制度、措施的研究，特别是对屯垦、备荒、水利三个方面做了系统的研究，内容更加全面。全书既大量考证收录前朝有关农业的文献，又有徐光启本人在农业和水利方面的科研成果和译述，堪称我国农业科学遗产的总汇。

"农本"记述了历代有关农业生产、农业政策的经史典故及诸家论议，蕴含着丰富的中国传统的重农思想。《农政全书》的主导思想是"富国必以本业"，所以把《农事》三卷放在全书之前。《经史典故》引经据典阐明农业为立国之本，《诸家杂论》则引用诸子百家言论证明古来以农为重，此外兼收冯应京《国朝重农考》，充分体现了"富国必以本业"的"重农"思想。农业是老百姓安身立命的根本，"谷不足，则食不足。食不足，则民之所天不遂"，且"农为国本，百需皆所出"。农业更是社会长治久安的物质基础，"为国，以足食为本"，且"圣人治天下，必本于农"。

"田制"是徐光启本人及其他古代农学家关于土地制度的研究及论述，"著古制以明今用"。《农政全书》卷五中共罗列了区田、圃田、围（抒）田、架田、柜田、梯田、涂田、沙田8种不同的田制。徐光启征引历代文献，研究田亩制度，并引王祯《农书》，介绍各种"田制"的不同特点及其利用情况，目的是为了提倡因地制宜，充分利用土地资源，以期富国利民。田制是发展农业的重要方面，徐光启引用王祯《农书》对田制的描述，并通过适当的注释，仔细分析了不同的田制具有不同特色，还详细地分析了各种环境条件下应采取的相应田制，强调了田制与具体环境的适应性。

不同的环境条件应当采用不同的田制，两者要相适应。

> 必须教民为区田，家各二三亩以上，一家粪肥，多在其中，遇旱则汲井溉之。此外田亩，听人自种旱谷，则丰年可以两全，即遇大旱，而区田所得，亦足免于饥窘。比于广种无收，效相远矣。

"农事"总结中国古代各种耕作方法和有关农业季节、气候的知识。徐光启通过亲自试验和观察取得材料，论述影响和决定收成的

《农政全书》系统地介绍了长江三角洲地区棉花栽培经验，对棉花栽培技术做了系统总结，内容涉及棉花的种植制度、土壤耕作和丰产措施。将种植棉花的成功经验总结为十四字要诀："精拣核、早下种、深根、短秆、稀科、肥壅。"就是要采取选择良种、立夏前早下种、适当稀植多施肥、整地深根、摘心整枝等一系列措施，还把种植棉花失败的教训总结为"四病"：一秕、二密、三瘠、四芜。"秕者种不实，密者苗不孤，瘠者粪不多，芜者锄不数。"这是植棉技术史上的巨大贡献。

土壤、气候、耕作方法等因素。根据土地性质和生产特征随不同季节变化的规律，因时制宜，精耕细作。"春，冻解，地气始通，土一和解……夏至后九十日，昼夜分，天地气和。以此时耕田，一而当五。名曰膏泽，皆得时功。"要使作物增产，就必须根据不同植物的生长习性，不同的气候条件采取不同的耕作方式。"耕种麦地，俱须晴天。若雨中耕种，令土坚垎，麦不易长。"不同的季节，耕田的方法也有差异，"凡秋耕欲深，春夏欲浅……初耕欲深，转地欲浅。"不同的作物对生长土壤的要求也不同，紫草"宜黄白软良之地，青沙地亦善"，菊"宜白地栽，甜水浇"，旱稻"用下田，白土胜黑土"，大豆"赤土，宜豆也"，胡麻"宜白地种"，茱萸"宜故城堤冢高燥之处"。土壤肥力是影响作物生长的一个重要原因，不同作物需要的土壤肥力也不一样。"蒜，宜良软地""种薤，宜白软良地""姜宜耕熟肥地"，这些作物需很好的肥力。而有些作物并不适合在肥地里生长，"种绿豆地宜瘦""种秫欲薄地而稀"。还有些作物对土壤肥力有广适性，"葵，阳草也，其性易生，不拘肥瘠，地皆有之"，无论肥瘠，都可种植。

"农器"用图谱的形式介绍各种传统的农业生产工艺和农产品加工工具。《农政全书》概括了古代农业生产和百姓生活的各个方面，书中对开垦、水利等都有叙述，这些是农具发展的基础，农具的发展又反过来推动了土地的开垦、水利的兴修等。从《农政全书》中《农器》4卷可知，明朝农具在很大程度上是对元朝及以前农具的沿袭和发展，在材料、工艺、技术、地区、气候、土壤、水利等相关因素没有重大变化的情况下，农具的发展和创新亦是缓慢的。也只有材料、技术等相关因素出现了重大变化，才会出现创新农具。但纵观农具发展历史可知，明朝创新农具也是对古代农具体系改良革新的产物。《农政全书》有石砺礤和木砺礋插图，与近世仍在用的滚耙基本相同。滚耙是古代南方水稻地区使用的表土耕作农具，专门用于水田稻谷收割后压埋禾苑，起浆和荡平田面。《农政全书》所描绘的犁为"一牛一犁"式，基本构件有犁辕、犁梢、犁底、犁铧、犁壁、策额及曲轭等。该犁与近现代犁的型制结构大致相同，犁辕较短，呈向下弯曲的弧形状态，减轻了犁的整体重量，实现了功能设计与审美设计的巧妙结合。

"水利"用绘图方式介绍了各种灌溉工程和水利机械，以及西洋水利。水利思想是《农政全书》经世思想的重要组成部分，水利篇占全书的五分之一，为历代农书所不及。水利篇共 9 卷，包括总论、西北水利、东南水利、水利策、水利疏、灌溉图谱、利用图谱、泰西水法等内容。《农政全书》的水利建设思想十分丰富，既有全国性的宏观水利计划、政策，也有具体、微观的水利工程建设、用水管理的方法、措施等。徐光启认为，水利为农之本，无水则无田。"水利者，农之本也，无水则无田矣。"强调"水利为农田急务"，必须促进水利事业的发展。为了整修西北水利，促进农业生产发展，徐光启同熊三拔合译了《泰西水法》一书。

《农政全书》对水排的功用及结构做了详细的介绍：

《农政全书》

> 其制，当选湍流之侧，架木立铀，作二卧轮；用水激下轮，则上轮所用弦索，通激轮前旋鼓棹枝，一侧随转。其棹枝所贯行桄，因而推挽卧轴左右攀耳，以及排前直木，则排随来去，搧冶甚速，过于人力。

"荒政"归纳了历代的救荒政策和措施，并对野生植物的利用价值做了考察。《农政全书》的备荒思想是对传统农学备荒思想的丰富与发展，对历代备荒的议论、政策做了综述，对水旱虫灾做了统计，对救灾措施及其利弊做了分析。徐光启

水排

对于蝗灾给予了高度关注，提出了系统的蝗灾防备理论；总结蝗灾以及蝗虫的生命历程，为灭蝗提供指导；分析总结出孕育蝗虫的生态环境，在把握蝗虫的基本情况基础上提出具体的灭蝗方法；提出了积极的备荒思想，以应对灾荒，所著录的《救荒本草》与《野菜谱》是集中记载可食野生植物的专著，附草木野菜可资充饥的植物414种，具有重要的救荒价值。无论是饥馑之岁，抑或丰穰之年，于拓展人世养生资源方面，功德无量，意义久远。

徐光启是我国明朝末年杰出的科学家，尽管在数学、天文历法、军事方面都有著述，但《农政全书》影响尤为深远。《农政全书》囊括了古今中外丰富的科学知识，体现出著者徐光启作为一个杰出的农业研究者虚心求学、兼收并蓄、继往开来的博大胸襟。《农政全书》既沿用了前朝农书中的大量资料，系统地归纳了前人及当时的文献，同时又在记载当时各地老农的生产经验和技术的基础上又融入了著者本人的体会、科学观点及成果，拓宽了知识范围，增加了屯垦、荒政、水利等全新的内容。《农政全书》采用简单明了的语言方式，极大地方便了农民的生产，同时也成为留给后世珍贵的科学遗产。《农政全书》不但在国内一再印行，而且还传到国外。直到今天，这部书对我国农业生产的发展仍有参考价值。

《马首农言》——地方性农学专著的典型代表

《马首农言》是总结和继承山西古代农业的难得文献，从书中可以看到山西传统农业科技的大概轮廓。对耕作生产方式提出了一些基本原则，蕴涵着丰富的农学思想。书中所记叙都是当时寿阳乃至我国北方地区的农耕技术和经营管理方式，突出记叙其与当地生产实践有关的事项，论述的是当地的旱农耕作技术及相关因素，有着较强的地域性特点，充分体现其作为地方性农书的实用性、经验性和可行性的鲜明特色。

祁寯藻（1793—1866），山西寿阳平舒村人，字叔颖，又字淳甫，后改实甫；号春圃，晚号观斋，又号息翁。祁寯藻出身于世代书香和官僚家庭，历任朝廷要职，是我国近代史上一位较有影响的思想家、政治家。清道光十六年（1836），祁寯藻作《马首农言》，为山西农学专著之首，被列为北方传统农书的代表作之一。《马首农言》是祁寯藻以山西寿阳为主，但又借鉴其他地区农业科技的综合性农书，既对前人的农书和有关文献进行了系统的总结，又阐述了自己的实地经验和创见，推陈出新，编撰而成农书《马首农言》。

《马首农言》是一部综合性的地方性农书，全书连序、跋在内共计 27 000 余字，共 14 篇，内容丰富，简练通俗。讲述在我国北方特别是山西东部干旱地区的农业生产中，实行适合当地特定气候条件的轮作套种、土壤耕作、播种、中耕除草、治虫防病、施肥、收获及留种等耕作种植技术，采用因畜制宜、因时制宜的畜牧饲养管理技术，其内容不少是作者农事实践经验的总结。

《马首农言》结合当地风土条件对作物种性、耕作技术等加以具

《马首农言》

祁寯藻像

《马首农言》节选

体记述，反映了北方旱地农业抗旱保墒、精耕细作的农业传统。

《马首农言》十分强调作物的轮作技术，明确提出了在同一块田地上"切忌重茬"、实行轮作的方法。轮作形式具体为"麦豆轮作"或"谷豆轮作"，把豆科作物当作绿肥，代替休闲，纳入轮作周期，充分认识到豆科作物可以利用根瘤菌的固氮能力，具有恢复地力的作用，达到用地与养地相结合。《马首农言》详细描述了在蒜地中间洒红萝卜和芥菜的间作套种技术，"芒种时于行隙中洒红萝卜。欲洒芥菜，则俟初伏。"

《马首农言》记述了丰富多彩的播种技术，对播种量、播种期、播种方式、土壤条件以及播种密度对作物繁殖、产量、品质之间的复杂关系或影响，都有相当丰富明细的认识。采用节气、物候、气象、月令等指时手段，确定作物的适宜播种时期。详细列出了谷、黍、豆、高粱、莜麦、荞麦以及瓜类等十几种主要农作物最适宜的播种时期，以符合当地天气寒冷、霜降又早的气候特点，使作物避寒就暖，以利作物生长。科学辩证地说明了播种量的种植情况，把播种量和播种方法以及两者同播种期的关系等，都做了明确交代。

《马首农言》中的土壤耕作方法密切结合当地干旱少雨的特征，围绕通过耕作以更好地保墒防旱和提高地力的指导思想。祁寯藻提出了因地、因时、因物制宜的原则，来确定土壤耕作的适耕期、适耕性以及相应的耕作措施。

因地势定耕法，依据土壤的不同性状决定其适宜耕作时间、耕作深度及次数。

凡犁田，深不过六寸，浅不过寸半，山田四寸为中。河地，秋三寸，春二寸半。

碌碡压地。山田，秋宜压，春宜磨。平田，春宜耙，秋宜犁。山田干燥，恐熟土为风吹去，来年禾稼不长，故用压，用磨。平田不须也。

《马首农言·种植篇》

因时定耕法，土壤耕作具有适时性，即须因时耕作。

　　　　春犁宜浅，秋犁宜深。深不过二寸半，浅不过一寸或寸余。

　　　　秋犁棱窄，春犁棱宽。秋，一步七棱；春，一步六棱。

　　因作物定耕法，依作物习性差异及土壤条件不同，耕作方法也须随之而异。"麦子犁深，一团皆根；小豆犁浅，不如不点。"小豆"犁较黑豆宜深"，宿麦要比春麦"耕微深"，高粱"深二寸"；春麦"地喜坚实，不喜悬虚。俗云：'麦种场'是也。"黍子"地喜匀和，忌土块。俗云：'黍种汤'"。

　　《马首农言》对北方旱地的土壤耕作制度有较详细的记述，是对北方旱地翻耕法"耕耙耱压"体系及其应用技术的明确说明。"今年耕墒，明年耕陇。"可以使全部土地每年都得到充分利用，又可以恢复地力。"春犁宜浅，秋犁宜深。"秋耕过的土地形成上虚下实、结构良好的耕层，从而长久保住秋墒。"山田，秋宜压，春宜磨。平田，春宜耙，秋宜犁。"是因为山田干燥，故用压、用耱，耙耱次数多了，土粒均匀，土壤表面疏松，毛细管被切断，即使干旱也可以使土壤保持润泽。

　　中耕除草的主要作用是保墒，"天旱锄田，两隙浇园""锄沟上有水，又畏上有火（无齿耙）"。也可以为禾苗壅根培土，有利于根系生长和根茎牢固。谷子"临伏再锄，以土壅根，令其深固"，高粱"再锄时，以土壅根"中耕的主要目的在于除草，"锄不厌多，多则去草"中耕除草的主要要求是多锄，"锄不厌多，多则去草，且易熟"。

　　《马首农言》十分注重牲畜粪的堆积，牛"用黄土铺垫，积久成粪"，羊"夜圈羊于田中，谓之圈粪，可以肥田"，猪"坎内常泼水添土，久之自成粪也"。由于家畜的践踏，使垫圈物质和便溺充分混合，在嫌气（厌氧）的条件下缓慢分解，可以减少氮素的损失。

《马首农言》继承和发展了因畜制宜、因时制宜的饲养管理技术；继承和发展种养结合的优良传统，提倡养猪、喂牛、牧羊积肥。

因畜制宜的饲养管理技术，根据不同家畜的不同特性采取不同的饲养管理方法。"牛宜圈于厩中""豕本水畜，喜湿而恶燥""羊性恶湿，棚栈宜高燥，常扫除粪秽""鸡栖宜掘地为笼，笼内著栈，可免狐狸之害"。

采用因时制宜的管理技术和放牧法。役用牛在不同季节采取不同的饲养管理方法，"冬则系于露天，夏则系于树荫""春初，必尽去牢栏中积滞薪粪""春夏草茂，放牧必恣其饱"。羊宜四季放牧法，"春则出山，牧之于辽洲诸山中；秋则还家，牧之于近地；禾稼既登，牧之于空田"，并提倡养猪、喂牛、牧羊积肥，以畜粪肥田。

《马首农言》是山西现存比较完整、全面、系统的一部杰出农学专著，是我国宝贵的农业科学文献。总结、保存了不少我国传统农学遗产，同时，又结合当时劳动人民的生产实践，进一步丰富和发展了我国传统农业生产经验，是我国旱作农业宝贵经验的积累和概括，蕴含着丰富的农学思想。

2 作物栽培：
禾稼满田谷满仓

作物是直接或间接为人类需要而栽培的植物，在我国古籍中称"禾稼"或"谷"。原始的作物栽培技术产生于人类最初的农业生产活动，最初被人类栽培利用的植物物种，经过长期有意识或无意识地选择和隔离，形成了许多比原始作物种更适合人类需要的品种和类型。在我国作物栽培技术不断发展演进的历史长河中，形成了极为丰富的作物种质资源和农学思想，历代农书记录了十分丰富的古代作物栽培经验，是我国重要的农业物质和文化遗产。我国至迟在七八千年前已有作物栽培，甲骨文中已出现黍、麦、粟、禾等作物名称，古代有所谓"五谷""六谷""九谷""百谷"之称，主要是指为解决人类基本食粮的粮食作物。我国古代农业十分注重粮食生产，曾先后驯化栽培了以黍、禾、菽、麦、稻等作为主要的粮食作物，统称"五谷"。

小麦——世界上最重要的粮食作物

小麦，禾本科小麦属一年生或越年生草本。小麦是现今世界上最重要的粮食作物，世界上各种农作物中小麦栽培面积和总产量均居第一位，有三分之一以上人口以小麦为主要食粮。小麦也是我国重要的粮食作物之一，种植面积和产量仅次于水稻。

小麦是新石器时代的人类对其野生祖先进行驯化的产物，起源于亚洲西部。西亚和西南亚一带至今还广泛分布有野生一粒小麦、野生二粒小麦以及与普通小麦亲缘关系密切的节节麦。在肥沃的新月地带，特别是伊朗西南部、伊拉克西北部和土耳其东南部地区，是栽培一粒

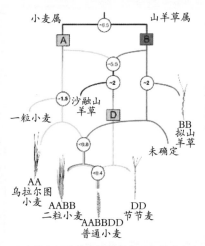

小麦属和山羊草属植物杂交形成普通小麦

新疆孔雀河流域
新石器时代遗址出土的炭化小麦

小麦和提莫菲维小麦最早被驯化之地。以色列西北部、叙利亚西南部和黎巴嫩东南部是野生二粒小麦的分布中心和栽培二粒小麦的起源地。普通小麦的出现晚于一粒小麦和二粒小麦，约在8000年前起源于里海的西南部。

小麦在中国至少具有5000年的种植历史，然而关于小麦在中国的起源却众说纷纭，归纳来说，主要有以下三种：本土起源说，认为小麦是本土作物驯化而成，源于中国本土；张骞出使西域后，由西域传入中原大地；源于西亚外高加索及其附近地区。

经史料及史实考证，一般认为小麦是在距今约5000年的时候由西亚进入中国。据考古发掘，新疆孔雀河流域新石器时代遗址出土的炭化小麦，距今4000年以上。其他如甘肃民乐、云南剑川和安徽亳州等地也发现了3000—4000年炭化小麦。新疆临近中亚，小麦可能最先就是由西亚通过中亚，进入到中国西部的新疆地区，随后又进入甘肃、青海等地。

小麦在古代中国的扩张始自西北，是一个自西向东、由北向南的历史进程。商周时期，小麦就已经进入中原大地。钓鱼台遗址（位于今安徽省亳州市）出土的炭化小麦，则表明西周时小麦栽培已传播到淮北平原。春秋时期，小麦已是当时中原地区的常见作物。古籍中单称的麦字，多指小麦。在春秋战国之前，就已经有了"麦"字，此时它是大麦与小麦的统称。时至春秋战国期间，用"来""牟"二字来区别小麦与大麦。以后随着大麦、燕麦等的推广，才用小麦与其他麦类相区别。

春秋时期，小麦自身经历了一个重大的转变。小麦初入中原之时，采用的栽培方法和栽培季节可能与原有的粟、黍等作物是一样的，即春种、秋收。也就是说，在春秋战国之前，以春麦的栽培为主。

到春秋初期，冬麦才崭露头角。冬麦的出现是麦作物进入中国、适应中国自然条件所做出的改变，亦是小麦在中国扩张最具革命意义的一步。然而，其意义不仅于此。冬麦正好在夏季收成，可以起到继绝续乏、缓解粮食紧张的作用，大大减少由于传统的春种秋收所引起的夏季青黄不接和粮食危机。

自战国开始小麦的主产区逐渐由黄河下游向中游扩展，汉朝又进一步向西、向南扩展。战国时期发明的石转磨在汉朝得到推广，使小麦可以加工成面粉，从而进一步促进了小麦栽培的发展。东汉时期，南阳地区已有麦作物。晋朝时期，小麦的收成已经直接影响到国计民生。《晋书·五行志》说："元帝大兴二年，吴郡、吴兴、东阳无麦禾，大饥。"因禾麦歉收造成饥荒，说明4世纪初麦在江浙一带已经取得了一定的地位。

唐初以前，在北方地区，与粟（小米）相比，小麦仍居于次要地位。到了唐中后期，小麦才提升至与粟同等重要的地位。唐以后，北方的麦作技术仍在不断发展。由于冬小麦的推广和夏季的季节特征，产生了"收麦如救火"的抢收现象。对此，金元时期的农书《韩氏直说》中提出"带青收一半，合熟收一半"的办法。除此之外，人们更是从改革生产工具（收割工具）入手来提高收割效率。唐朝时期，北方农民普遍使用一种长镰刀——"钐"。使用这种长镰刀来收割麦作，比普遍镰刀"功过累倍"。元朝，北方麦作主产区普遍采用了"麦钐""麦绰"和"麦笼"等麦收工具，大大提高了麦收效率。明朝末

◀ 钐镰收麦

年，据《天工开物》记载："四海之内，燕、秦、晋、豫、齐、鲁诸道，烝民粒食，小麦居半。"至此，小麦在中国北方的地位已经确立。

我国南方地区，由于地形以及气候条件的限制，并不适合小麦的生长。因此，小麦在南方的种植相较于北方要晚许多、慢许多，主要是在北方的影响下发展起来的。东晋初年，元帝诏令徐、扬二州种植三麦。这是关于南方麦作最早的记载。唐宋时期，随着国家统一、人口流动频繁，特别是唐安史之乱（755）和宋靖康之乱（1127）之后，伴随着第二次和第三次北方人口南迁高潮的相继出现，将麦作物推向全国范围。宋廷南迁之后，小麦在南方的种植达到高潮。南方原本以水稻为主，随着麦作物的发展，出现了稻麦复种的二熟制。而且随着麦作的不断发展，小麦在以水稻为主要粮食作物的南方也越来越起到举足轻重的作用，重要性仅次于水稻。

虽然小麦在中国的扩张之路崎岖漫长，但其影响却深远而伟大。这不仅表现在时间和空间上，更是体现在对中国原有的作物种植及其在粮食供应中的地位的影响。由于小麦在中国的不断扩张和发展，使得中国本土固有的一些粮食作物在粮食供应中的地位急剧下降，更有甚者，一些作物直接退出了粮食作物的范畴。

最初麦在粮食供应中的地位并不靠前，而在其地位不断提升的同时，与之一起并称为"九穀""八穀""六穀""五穀"的一些谷物却纷纷退出了粮食作物行列。从《周礼》中的统称来看，"九穀"指"黍、稷、秫、稻、麻、大豆、小豆、大麦、小麦"，"六穀"为"稌、黍、稷、粱、麦、苽"，"五穀"则为"稻、麦、黍、稷、菽"，麦已经取代了粟的地位，成为仅次于稻的第二大粮食作物。

冬小麦的生育期为秋生夏收，成为北方地区两年三熟复种制的前提。《管子·治国》说："五谷之所蕃熟，四种而五获"。《荀子·富国》也记载："人善治之，则亩益数盆，一岁而再获之"。这些都可以理解为，此时的黄河流域土地种植不只一年一次，或许已开始有两年三熟的复种制，而起决定作用的只能是冬小麦加入到复种之中。秦汉以后许多文献中都提到了种植冬麦的问题，《氾胜之书》和《齐民要术》都有相关记载，由于种植冬麦已在有限区域形成两年三熟复种。唐朝，随着华北地区冬麦种植面积的扩大，技术成熟，两年三熟复种制也相应出现了。宋金时期华北地区实行两年三熟复种制的地方已经比较多了，关于冬麦的记载可以见于各类文献。苏轼写过"今又不雨，自秋至冬，方数千里，麦不入土"的奏文，说的就是因少雨冬小麦不能下种。《金史·五行志》记述了各地进嘉禾、产瑞麦的情况，也就是冬麦。

南方种麦后，很早就摸索出一套稻麦两熟制的经验。唐朝《蛮书》明确记载云南实行稻麦两熟制，"从曲靖以南，滇池以西，土俗惟业水田……水田每年一熟，从八月获稻至十一月、十二月之交，便于稻田种大麦，三四月即熟，收大麦后，遂种粳稻"。北宋朱长文的《吴郡图经续记》（1084）就说："吴中土地肥沃，物产丰富，割麦后种稻，一年两熟，稻有早晚。"

在我国古代北方小麦栽培技术方面，主要是通过多耕、多耙和深耕、细耙来防旱保墒，消灭杂草、害虫。《氾胜之书》特别重视麦，对种麦时节、播种、麦田中耕等均有了清晰的认识，说明当时麦的栽培技术水平已经相当高了。关中干旱地区夏季休闲的秋种麦地，多在五六月耕地蓄水保墒，通过较长时间的晒垡，促使熟化，耕后注重多耙耢平。在南方，南宋后随着稻麦两熟制的推广，稻茬麦田的耕地技术不断提高。《陈旉农书》中有关于早稻收后耕地、施肥而后种豆麦的论述。元朝《王祯农书》和明朝《农政全书》都较为详细地记述了收稻后作垄开沟，以利田间排水的技术，指出要做到垄凸起如龟背、雨后沟无积水，为小麦根系发育创造良好条件。

在小麦播种方面，东汉《四民月令》提出，在田块肥力高低不同时应先种薄田、后种肥田。北魏《齐民要术》更明确指出"良田宜种晚，薄田宜种早"，主张视土壤肥力情况确定播种期。在江南地区为争取稻茬麦田适时播种，创造了小麦浸种催

小麦

芽和育苗移栽两种技术。清朝还创造了迟播早熟的"九麦法"（即春化处理），解决了北方秋季遭灾后的迟播问题。

　　小麦的种植推广改变了人们的饮食结构和饮食习惯，麦有麦饭和面食两种吃法。麦饭在汉朝有些地区是一种常吃的食物，今日凉山彝族所食之麦饭就是采用这种方法。将其蒸熟煮化之后，做成饭，用筷子夹食。有时候也会将小麦进行粗略的磨或舂，使之变成碎粒麦屑，然后再按照小米的蒸煮方法加工成"麦饭"或"麦粥"。古代把各种面食通称为饼，按照当时的解释，麦粉叫作面，用水和面叫作饼。战国初年的书里已经有做饼的记载，秦朝有卖饼的小商人。自始至终，中国人的面食仅是将面粉加工成面条、包子、馒头、饼子一类的东西来食用，尤其是在中国的北方地区具有丰富的、极具特色的面食文化。

粟——世界上最古老的谷类作物

　　粟，禾本科狗尾草属，一年生草本，通称"小米"。我国北方俗称"谷子"，脱壳之后称为"小米"。粟具有抗旱、早熟、适应性强、繁殖系数高、营养丰富、特别耐贮藏等特性。中国是世界栽培粟面积最大的国家，据联合国粮农组织报告 ERS152 和 ERS153 估计，全世界90% 以上的粟都栽培于中国，其次是印度和苏联地区，日本、朝鲜、阿富汗、伊朗、美国、加拿大，以及罗马尼亚、波兰、澳大利亚和南非等国家也有少量栽培。

粟

　　关于粟的演化问题已在学术界达成一致，粟是由野生的狗尾草驯化而来。学者都认为青狗尾草与粟同科、同属，它的幼苗、植株、穗形等其形态、结构以至颜色，基本上与粟相似，青狗尾草的细胞染色体 2n=18，与粟的染色体数相同，粟与狗尾草杂交，比较容易成功，杂交后代出现育性不完全现象，说明两者之间有很近的亲缘关系。粟遗传资源在脂酶方面的分析，亦发现在粟遗传资源中出现的主带类型，在青狗尾草中几乎全部存在，两者皆具有相同的基本酶带，酶谱类型非常相似，也说明粟由野生狗尾草经人工栽培进化而成。

关于粟的起源地区，是一个有争议的问题，主要有埃及或北非起源说、印度起源说、中国起源说等几种观点。

野生粟

从粟的古代遗存到粟粒储存蛋白质等方面对粟的起源进行探讨，1979 年戴维特（Dewet）等认为大粟起源于中国，小粟起源于欧洲。然而，随着中外学者研究的逐步深入，除中国起源说外其他观点都已被否定，原因主要是缺乏考古发现的证明，或是没有野生粟的发现，或是当地的所谓"粟"与这里所说的粟分属不同种属。

从粟的近缘野生分布来看，中国属于粟的野生祖本范围。粟是由狗尾草人工驯化而来，狗尾草的分布极广，在亚洲东部、西伯利亚、欧洲（除北部外）、非洲北部都有生长。从较早人类文化遗址的发现来看，中国所见的粟遗存年代最为久远，大致可追溯到距今 8000 年到三四千年前，其中磁山遗址（位于今河北省武安县）、兴隆沟遗址（位于今内蒙古赤峰市），都发现有少量粟的遗存，是中国目前可以确定栽培粟的最早文化遗存。

粟图

从整个考古发现的文化遗存空间分布来看，中国史前时期粟的出土地点，分布十分广泛，涉及陕西、山西、河北、河南、甘肃、青海、新疆、辽宁、吉林、黑龙江、山东、江苏、云南、西藏、台湾等省区。目前学界对粟的起源中心看法基本一致，即粟是在中国黄河流域最早被驯化栽培的。

夏商周时期，粮食作物的种类繁多，黍、稷作为一般人的主食山西是中华文明最早的发祥地之一，是黍稷的起源和遗传多样性中心。考古发掘证实，夏县西荫村遗址，出土的粟粒年代为公元前3500年，属于仰韶文化。万荣县荆村遗址出土的谷类灰烬，经鉴定为粟和高粱，也属仰韶文化。襄汾县陶寺遗址出土的炭化谷物中夹有未燃尽的谷子，为公元前2500—前1900年，属龙山文化。侯马乔山底遗址，出土有两座大型谷仓，仓底堆积有炭化谷子，也属龙山文化。这些均说明山西粟的栽培历史，距今至少已在5000年以上。

炭化谷子

而存在。当时对谷物的总称为"百谷"，之后才出现"九谷""八谷""六谷""五谷"等名称。甲骨文和《诗经》中多次出现与粟有关的字，如黍、稷、秫、粱、糜等。粟为五谷之首，在2000多年前的《周礼》中，记载粟有成熟期长的"稺"和成熟期短的"穜"。

春秋战国时期，粟在粮食结构中仍然占据着主要地位。这一时期，由于大豆和小麦得以发展，地位迅速提升，粟的地位则相对下降。当时粟作发展最为集中和水平最高的地区主要分布在豫、兖、雍、幽、冀并各地，战国时作品《周官》载："豫州宜种麦，青州宜稻麦，兖州宜三种，雍州宜黍稷，幽州三种，冀州宜黍稷，并州宜五种"。

秦汉时期粟仍是北方最主要的粮食作物。秦朝主管农业的官员称为"治粟内史"，西汉时又叫"搜粟都尉"，这表明粟在国家农业中的重要地位。秦朝积极鼓励农民进行粟作生产，推行入粟授爵、免役除罪等政策。秦朝税的征收也以粟谷为基准，《商君书·垦令》就说"訾粟而税，则上壹而民平"。秦汉时期还采取"积粟"政策，主要用以对外战争和备荒。可见粟的生产和储备还深刻影响着经济、政治安全。秦汉时期，粟的种植区域仍在继续扩大，此时粟向南方地区扩展，江南蜀汉之间，《史记·货殖列传》也说"伐木而树谷，燔莱而播粟"。此外，在江苏邗江，湖北光化、江陵，湖南长沙，广西贵县和四川成都等地的西汉墓中经常发现有随葬的粟。汉武帝时期，粟的种植已扩展到边疆地区，在全国范围内普遍存在粟的种植。

魏晋南北朝时期，粟仍然是北方最主要的粮食作物。《齐民要术·种谷》："谷，稷也，名粟。谷者，五谷之总名，非止谓粟也。

然今人专以稷为谷，望俗名之耳。"谷由粮食作物的共名演变为粟的专名，说明粟在当时粮食生产中的重要地位。《齐民要术·种谷》介绍粟的品种有 86 个，并分析了各品种的特点和品质，强调了品种的地域性。

进入隋唐时期，随着水稻和小麦的发展，粟的地位明显下降，虽然在"五谷"之中仍占一席之地，但已经居于水稻之后不再占据主导地位。尽管如此，粟的种植区域迅速扩大，除了在北方黄河流域广泛种植外，在西域、东北、西南等地区得以传播、种植。在《大唐西域记》《隋书》《新唐书》等记载的西域古国中，阿耆尼国、屈支国、吐谷浑、于阗国、疏勒国、苫（国）、康（国）等都有粟种植的记录。《新唐书·列传》提到东北的高丽"田耦以耕……有粟、麦"，即关于东北地区种粟的记载。后晋的《旧唐书·列传》中有"稻粟再熟"，西南地区粟也有种植。

到了宋元时期，粟仍然具有特殊的农业、经济地位。由于粟的地位被小麦赶超，原本以粟、麦为主的粮食结构，被以稻、麦为主的粮食结构所替代，传统的粟作此时已走向衰落。不过，粟具有耐旱、耐瘠、稳产与保收的特点，北方旱作农业区的理想作物非粟莫属。黄河流域中下游的两年三熟制地区，以小麦为中心的麦、粟、菽轮作，粟麦是这些地区普遍种植的农作物。

明清时期，随着人口的急剧增多，对粮食的需求也迅速增长，我国的粮食种植结构发生了重大的变化和改革。高产量的作物得到广泛的种植和推广，低产作物退居次要地位。尤其是玉米和甘薯这两种旱地高产作物的引进和传播，不仅为旱作农业增加了更加适宜的新品种，而且为北方旱地以及南方山地的开垦提供了新的物质力量。玉米和甘薯不只高产，而且具有极强的适应性，使得两者在粮食作物中的地位迅速提升，在一些地区甚至成为主粮。在甘薯和玉米的强劲竞争下，粟的地位显然又进一步降低，甚至已被用作救荒作物。

粟，不可直接食用，必须经过一定的加工。宋应星称粮食的加工为"粹精"，也就是说取谷物中最精华的部分。我国对粟的加工具

碾

碓

有悠久的历史，粟的加工就是脱壳去皮取米。

早期只是简单的舂打，随后发展为碓碾。目前我们所了解的粟加工农具主要有：石磨盘、石磨棒、柞臼、碓和碾，其中有一些农具北方农村仍在使用。粟谷脱壳之后，需要将混入其中的谷糠杂物扬弃掉，即扬场。簸箕、木锨、木杈、飏扇等应运而生，相对于最原始的手捧口吹大大解放了人力。

伴随着社会的发展和生产力的进步，人们探索出新的动力加工方式，包括畜力、水力、风力等。此时出现了畜力碓、水碓、连机碓、舂车、石碾、海青碾、水碾等农具，大大节省了人力并提高了生产效率。

我国古代粟的栽培技术经验成熟，古农书中有关粟的栽培技术都有详细地记载，把历史上粟的栽培技术系统化、科学化。《氾胜之书》中写到"趣时，和土，务粪泽，早锄早获"，为粟的耕作原理提出了基本原则。《齐民要术》对种粟提出这样全面、科学的论断，把种粟时间分为三时，即"二月上旬""三月上旬""四月上旬"三个时段。《齐民要术》强调种子要纯，成色要好，"选好穗色纯者"。"早谷皮薄，米实而多"，因而强调要适时早种。播种要视土地墒情而定，"凡种谷，雨后为佳"。中耕除草强调要保全苗，"稀豁之处，锄而补之""苗出垅，则深锄，锄不厌数，周而复始，勿以无草而暂停"。至于具体种粟方法，提出"春种欲深""夏种欲浅"。在收获时间上，要"熟速刈，干速积"。《马首农言》记载有细致的整地技术，整地要达到"犁深土，耙绒土，耧浅土，多粪土，少田土"。

粟的生产与发展，具有重要的经济、政治和社会功能。粟不仅是传统的主要食粮之一，而且是不可缺少的加工原料，是古人赖以生存和繁衍的物质基石。粟又是古代政府重要的税收来源之一，是社会财富的象征。民以食为天，对历代统治者来说，粟的安全问题在古代社会就显得极其重要。一方面，采取多种措施鼓励百姓种粟，并倡导在主要粟产区兴修水利，扩大边疆地区的屯田规模，从而有效地增加粟的社会总供给；另一方面，又加强对粟的管理和调度，从而保证粟的储备和食用安全。这样就做到了粟的总供给和总需求的平衡，一定程度上解决了粟的安全问题。粟的储备主要用于官员的俸禄、行军物资和赈灾济荒，特别是赈灾济荒保持了古代社会稳定，维护君主专制统治。

粟在古代社会中的地位异常突出，粟文化贯穿于中华民族历史发展的始终。中国几千年来以农立国，稷神崇拜和祭祀之风历代相延，粟在宗庙祭祀中地位尊贵。与粟直接相关的就是"稷"崇拜，有稷官、后稷和稷神。"稷"官在农官之中居位最高，执掌天下播殖。后稷是对稷官的一种尊称，具有崇高的地位，只有大功勋、大智慧的人才能担任此官。"后稷"在上古先民中享有崇高的地位，形成了一套专有的崇拜祭祀稷神的文化，并为历代统治者所重视和推行。自周朝祭祀后稷之后，每年春、秋在祭祀社神的时候，都要同时举行祭祀稷神的活动。

粟文化还包括从粟延伸出来的各种寓意，以及相关的一些谶纬和民俗等。粟既有喻微小之物的"沧海一粟"，也有"夫粟……可比于君子之德"来隐喻君子之德。粟在古代早期是占卜问卦之物，"握

农事活动"扬场" ▶

粟出卜""嘉禾生""天雨粟"等。除此之外，粟又与一些民俗联系在一起，如腊八粥、放粥、舍粥等。更有一些地区，婚丧嫁娶中粟也扮演着重要角色，西北农家有陪嫁"酸饭罐"的传统，"酸饭"即未熟透的小米黏粥。事实上，围绕着种植、加工与利用而形成的粟文化已经渗透到古人的生活之中，并成为中国传统文化的重要部分。

玉米——引自美洲大陆的粮食作物

玉米，禾本科玉米属一年生草本植物。玉米有诸多别称，如玉蜀黍、玉麦、玉高粱、包谷、苞米、玉茭、棒子等。玉米原产自拉丁美洲，1492 年意大利航海家哥伦布发现新大陆，将玉米带到西班牙，再经由西班牙向全球传播。玉米是一种重要的粮食和饲料作物，被称为"来自美洲的黄金"。

玉米是世界上三大主要粮食作物之一，种植范围极为广阔。主要分布在 58°N~40°S 的北美洲、亚洲和欧洲，构成了世界上三个重要的玉米主产区。玉米起源于中南美洲，15 世纪末、16 世纪初分别传入欧洲和亚洲，在世界上形成了美国、中国和欧洲三个主要的玉米带。玉米的产量高，用途较广，适应性强，只有少数积温不够的高寒地区不能种植。

玉米原产于墨西哥或中美洲，人类栽培玉米的历史大约有 7000 多年，从野生状态改造成栽培类型约四五千年。1954 年，在现今墨西哥城的 70 米以下的岩芯中发现了 9000 年前的花粉化石。有人认为可能是玉米花粉，由此推断现代玉米的祖先是野生玉米，但未能达到广泛认可。1964 年，R. S. 麦克尼什在墨西哥南部特瓦坎山谷史前人类居住过的洞穴中，发现了一些保存完好的约

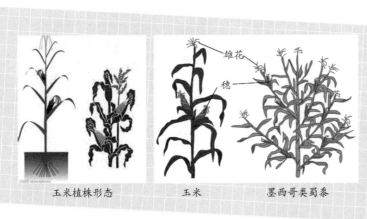

玉米植株形态　　　玉米　　　墨西哥类蜀黍

7000 年前的野生玉米果穗标本。果穗穗长 3.5 厘米，穗粗 0.7 厘米，轴色和粒色为淡褐色，籽粒有黍粒大小，粒行整齐，齿窝很深，两个籽粒平行地连在一起，两排平行籽粒之间，有一较宽的间隙。据此认为玉米的祖先是一种野生玉米，并断定玉米起源于拉丁美洲的可能性很大。目前被普遍认可的一种说法是，玉米是从野生墨西哥类蜀黍（大刍草）进化而来，或是由类玉米与其他禾本科植物杂交而形成。

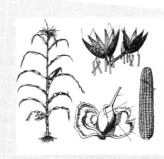

玉米果穗

美国杂交玉米的育成是世界农业生产上的一项革命，它为玉米育种开辟了一条新路。玉米自交系间杂交种选育是 1905 年美国人 E. M. 伊斯特提出的建议，为玉米杂交种选育方法奠定了基础。1917 年 D. F. 琼斯提出利用双杂交种于生产的建议。1919 年美国生产出第一批玉米杂交种，1933 年双杂交种种植面积仅占玉米面积的 10%，1944 年达到 50%，1955 年达到 100%。琼斯研究出的双杂交法多年来对种植玉米一直起着主导作用，而美国人亨利·A. 华莱士是杂交玉米的第一个商业性生产者。

三代果穗对比图

美国优良作物的引进，极大地丰富了中国的作物品种资源。玉米约于 16 世纪中叶分三路传入我国，分别是西北陆路自波斯、中亚至我国甘肃，然后流传到黄河流域；西南陆路自印度、缅甸至云南，然后流传到川黔；东南海路由东南亚至沿海闽广等省，然后向内地扩展。明朝末年，玉米的种植已达十余省，如吉林、浙江、福建、云南、广东、广西、贵州、四川、陕西、甘肃、山东、河南、河北、安徽等地。清朝开始，我国就大量推广玉米，使许多山地得到开发而增加了耕地面积，同时也提高了单位面积产量，促进了粮食总产量的提高，为社会提供了更多的粮食，对解决长期缺粮问题起了一定的缓解作用。20 世纪，玉米发展成为仅次于水稻、小麦的第三大作物，具有粮食、饲料、工业等多种用途，在国民经济中占有重要地位。

玉米 16 世纪传入我国，栽培历史并不长。玉米进入中国之初，

知识链接

　　《群芳谱》又名《二如亭群芳谱》，明朝介绍栽培植物的著作。作者王象晋（1561—1653），字荩臣，号康宇，自号名农居士，山东新城（今桓台县）县人。《群芳谱》作为我国 17 世纪的一部百科全书，内容极为丰富。全书 28 卷，40 余万字，分元、亨、利、贞四部。四部下又细分为天谱、岁谱、谷谱、蔬谱、果谱、茶竹谱、桑麻葛棉谱、药谱、木谱、花谱、卉谱、鹤鱼谱等。书中记载的栽培动植物达 400 多种，对每一种植物的名称来源和考订、植物性状，以及类似植物的区别等，都有较为详细的阐述，具有较高的农学价值。

很是冷清，并不像后来甘薯引进之时那么轰轰烈烈、声势浩大，引进之后的一段时间也没有太大的发展。16 世纪时，浙江、福建等沿海地区有所种植，而内陆地区种植却不多。李时珍在《本草纲目》中描述当时玉米种植情况时，只有"种者亦罕"四个字。时至 17 世纪，王象晋的《群芳谱》中对玉米的介绍亦是寥寥数语。

　　18 世纪，我国的玉米栽培有了较大的发展。据 18 世纪的《盛京通志》记载，当时辽沈平原地区已有玉米的种植。18 世纪中叶以后，由于封建政治经济日益衰落，统治阶级对下层民众的剥削和压迫也越来越苛重，导致贫苦大众"衣不蔽体、食不果腹"，最终被迫背井离乡。有很大一部分人迁至山区，随之玉米在山区的栽培有着很大的发展。主要依赖于玉米的生长特性，玉米适应性较强，对土壤和地形的要求并不十分严格，它不同于其他作物必须整好田地才可播种，而是"但得薄土，即可播种"。因此，玉米的种植和生产相较于其他作物而言花费的人力物力较少。除此之外，玉米可以"乘青半熟，先采而食"，也就是说，玉米可以在尚未充分成熟之时即可食用，这对解决或者缓解当时青黄不接的情况大有裨益，并且相对而言玉米比较耐饥，山民常言"大米不耐饥，苞米能果腹"。于是，被富人所唾弃的玉米，成为山民"恃玉米以为命"的宝贝。

　　19 世纪以后，玉米在平原地区得到进一步发展。随着商品经济的发展，人口大幅度增长，经济作物的栽培不断扩大，加之北方气候和地形的限制，粮食作物的生产逐渐难以满足人们的需求，因此玉米以惊人的速度发展向平原地区。1846 年，包世臣著《齐民四术》中，玉米已与五谷并列跃升到"六谷"的地位。长期以来，炎黄子孙均依赖于"五谷"（水稻、小麦、谷子、高粱、大豆）以及其他杂粮为生，而玉米则是后来者居上，成为人民"持以为终岁之粮"的主要粮食作物。到20世纪30年代，玉米的产量仅次于稻麦粟，居于第四位；50年代起，玉米的栽培有了更进一步的发展，其种植面积远超于粟而跃居第三位。

在相当长的时期内，我国主要是通过农民栽培实践、因地制宜选择玉米良种，直至近代科学技术兴起之后，玉米品种改良才得到迅速发展。19世纪末，近代中美农业科技开始交流与合作。1900—1948年，是中国玉米品种改良的奠基时期。一批留美学人引进现代玉米育种新法，开展了中国玉米的引种和品种改良。

玉米在我国的迅速发展、扩张，对我国的农业生产和社会经济均产生了深刻的影响。玉米引进我国的400余年间，随着栽培面积的不断扩大，使长江流域以南过去长期闲置的山丘地带和不宜种植水稻的旱地被迅速开发利用，在黄河以北的广大地区，也逐步取代了原有的低产作物，无疑对我国的土地利用和粮食生产引起了一场革命，为我国作物引种史谱写了灿烂的一页。

首先，玉米传入和发展为急剧增长的人口提供了必需的粮食，在缓解我国粮食紧张问题上起到了重要作用。同治《建始县志》说："居民倍增，稻谷不给，则于山上种苞谷、洋芋或蕨薯之类，深山幽谷，开辟无遗。"《植物名实图考》也说："川陕两湖凡山田皆种之，俗呼包谷，山农之粮，视其丰歉。"玉米是耐旱、耐瘠又高产的作物，适宜于比较贫瘠的丘陵山区种植。引入时正值我国人多地少，耕地不足，粮食缺乏矛盾日益严重之时。引入后，在开发丘陵山区，缓解我国粮食不足的矛盾方面，起到了重要的作用。

其次，玉米的传入扩大了山区垦殖的范围，推动了山区的垦殖。清朝200年间，尤其是"康乾"时期，人口增殖较快，人均耕地相对减少，粮食产量根本不能满足人们生活与生产的需求。于是大批农民进入深山老林，特别是在川、陕、甘、鄂的丘陵山区伐林垦荒种植玉米。

嘉庆二十五年十二月，在给事卓秉恬的奏陈中说：

> 由陕西之略阳、凤县，东经宝鸡等县，至湖北之郧西，中间高山深谷，统谓之南山老林；由陕西之宁羌、褒城，东经四川之南江等县，陕西之紫阳等县，至湖北之竹山等县，中间高山深谷，统谓之巴山老林。老林之中，地方辽阔，宜种包谷、荞豆、燕麦，徭粮极微。客民给地主钱数串，即可租种数沟、数岭。江、广、黔、楚、川、陕之无业者，侨寓其中，以数百万计，垦荒种地，架屋数椽，即可栖身，谓之棚民。

玉米作为耐旱、耐瘠的高产作物，适于山区栽培。玉米在引进后不太长的时间内，在西南和南方丘陵旱地迅速上升至主粮的地位。

再次，玉米的传播和发展，不仅促进了农业生产的发展，而且间接地对畜牧业和手工业产生了巨大的影响。玉米可作粮食，可作饲料，又可供作发展手工业的原料。据《三省边防备览》记载："山中多包谷之家，取包谷煮酒，其糟喂猪。一户中喂猪十余头，卖之客贩，或赶赴市集"，收益颇为可观。玉米的生产与酿酒、养猪的副业相结合，养猪积肥又利于粮食作物的种植。当时在川、陕、两湖等地以玉米养猪酿酒为业者极为普遍。玉米的丰歉也直接影响了许多手工业作坊的经营和规模，"商人操奇赢厚赀，必山内丰登，包谷值贱，则厂开愈大，人聚益众；如值包谷清风（歉收），价值大贵，则歇厂停工"，玉米对于工业和商业发展产生了重大影响。

最后，垦荒种植玉米造成自然环境的恶化，反过来又阻滞了经济和社会的发展。清朝中叶，大规模的垦殖荒地种植玉米，山区植被遭到严重破坏，特别是斜坡陡崖、崇山峻岭，"每遇霖雨，石沙随雨奔下，填溪塞路，毁坏良畴"，植被破坏加剧水土流失，使得土壤更为贫瘠。在玉米对社会和经济产生巨大促进作用的同时，又对自然环境造成了极大的破坏，不利于粮食生产。生态环境遭到破坏在一定程度上导致了清后期粮食亩产下降，农业产出减少。

水稻——栽培起源中国的粮食作物

水稻，禾本科稻属草本，也称禾、谷，古称稌、秜等，又称为亚洲型栽培稻。为一年生禾本科植物，单子叶，性喜温湿。属须根系，不定根发达，穗为圆锥花序，自花授粉。叶鞘松弛，无毛。叶舌披针形，两侧基部下延长成叶鞘边缘，有两枚镰形抱茎的叶耳。叶片线状披针形，无毛，粗糙。秆直立，分枝多，棱粗糙，成熟期向下弯垂。穗粒长圆状卵形至椭圆形，表面有芒或无芒。生长快，生育期在130~140天左右。

水稻是世界重要粮食作物之一，是稻属中作为粮食的最主要、最悠久的一种。水稻在生长季节需水量大，要求田地平整、灌溉便利，肥料多；同时生产过程复杂，劳动强度大，需劳动力多。水稻的生产遍及除南极以外的各大洲，从50°N~51°N一直到34°S~35°S，从平原到海拔2 700米的高原地带都有栽培。生长最北界限是我国的黑龙江省呼玛县，主要的生长区域是中国南部、日本、朝鲜半岛、东南亚、南亚、欧南部地中海沿岸、美国东南部、中美洲、大洋洲和非洲部分地区。东南亚因有季风影响，多数国家雨量充沛，气温较高，植稻历史悠久，是水稻生产最集中的地区，播种面积约占全世界水稻播种面积的90%以上。

水稻也是中国最主要的粮食作物，7000年前中国长江流域就种植水稻。我国水稻主产区主要是东北地区、长江流域、珠江流域。我国水稻的播种面积超过小麦，它的分布范围不断扩展，特别是北方各省区，水稻播种面积逐渐扩大，从50°N黑龙江边的黑河市，向西一直达到天山山区中的伊犁河谷。

水稻起源于野生稻，我国亚洲栽培稻的祖先为多年生的普通野生稻。野生稻起源于喜马拉雅山东南麓、唐古拉山山脉和云贵高原。青

水稻

野生稻

藏高原隆起之前，这里气候湿润，地势平坦，植被茂盛，野生稻的祖先在这里生长并繁衍。随着青藏高原的隆起，印度洋季风气候的产生和几大水系的形成，野生稻的祖先沿着江河顺流而下，在沿江两岸栖息繁衍，广泛分布于我国东南部及南亚、东南亚地区。具有不同生态型和基因型的野生稻种群，由于自然变异和生态地理的差异产生了不同程度的籼粳分化类型。在新石器时代人类稻作文化形成和产生以后，由于人工选择而逐步演化为现今具有籼稻和粳稻两个亚种的亚洲栽培稻。

野生稻在我国被驯化成为栽培稻由来已久，中国的长江流域及其以南地区是稻作的起源地。历史上不仅有野生稻的记载，而且时至今日仍然有野生稻的分布，更为重要的是，多年来考古发现了80余处新石器时代的稻作遗址，遗址有炭化稻谷或茎叶的遗存。时间从一万年前到四五千年前不等，而且随着考古发现的深入，稻作遗存的数量还在增加，年代还有不断推前的趋势。

现已发掘的较为著名的新石器时代稻作遗存有：江西万年仙人洞遗址、吊桶环遗址，湖南澧县的彭头山遗址、道县的玉蟾岩遗址，浙江余姚河姆渡遗址、桐乡罗家角遗址，江苏草鞋山遗址和河南舞阳县贾湖遗址等。出土的炭化稻谷（或米）已有籼稻和粳稻的区别，表明籼、粳两个亚种的分化早在原始农业时期就已经出现。上述稻谷遗存的测定年代多数较亚洲其他地区出土的稻谷为早，是中国稻种具有独立起源的证明。彭头山遗址距今约7500—8500年，发现了世界上最早的稻壳与谷粒等稻作农业痕迹，为确立长江中游地区在中国乃至世界稻作农业起源与发展中的历史地位奠定了基础。

中国水稻原产南方，主要原因是水稻生产与水利条件密切相关。水稻虽然起源很早，但稻作技术也比较原始。早期水稻的种植主要是"火耕水耨"，先用火把田中的杂草烧掉，然后再种上稻。待稻苗和杂草同时长出时，便放水淹，稻能正常生长，而杂草却难以生存。这种稻作技术虽然原始，却巧妙地运用了水稻不怕水淹的这一特性。

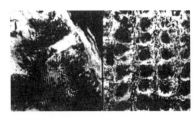

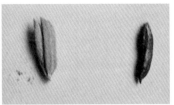

彭头山遗址陶片上的水稻印痕　　玉蟾岩出土栽培稻粒　　舞阳县贾湖遗址出土炭化稻谷

中国是世界上栽种水稻最古老的国家，在品种的驯化、栽培技术的进步都有十分悠久的历史。从石器时代开始，大米一直是长江流域及其以南人民的主粮。早在3000多年前的殷商时期，水稻在农业生产中已占有一定的地位。那时人们已知道为稻田开凿沟渠引水灌溉，可见当时水稻生产已达到一定水平。中国是世界上水稻品种最早有文字记录的国家，《管子·地员》篇中记录了10个水稻品种

知识链接

浙江余姚河姆渡新石器时代遗址和桐乡罗家角新石器时代遗址出土的炭化稻谷遗存，已有7000年左右的历史。据考古报道，1973年在浙江余姚河姆渡村新石器时代遗址第四文化层中，发现在400平方米范围里有大量的稻谷、谷壳、茎秆和稻叶，厚度从10~20厘米到30~40厘米，最厚处达七八十厘米。稻谷已经炭化，谷壳和稻叶仍保持原形，经过鉴定，认为是距今6700年前的稻谷遗存。

浙江余姚河姆渡遗址出土的稻谷和稻叶

八十垱遗址古栽培稻粒形的多样性

八十垱遗址位于湖南澧县梦溪镇五福村，遗址可分早、中、晚三期，文化堆积主要属彭头山文化时期，年代距今7500—8500年。出土的数万粒完整形态的炭化稻谷、稻米，是目前世界上发现最早的稻作农业遗存，为科学完整地认识"古栽培稻"在植物进化过程中的群体特征与地位，认识原始农业的真实面貌与发展状况提供了重要资料。

的名称和它们适宜种植的土壤条件。

东汉时期，水稻种植技术有所发展，南方已出现比较进步的耕地、插秧、收割等操作技术。唐以后，随着经济重心的南移，南方人口的增加，火耕水耨便被精耕细作所代替。精耕细作的水田栽培技术在南方各地得到发展，主要包括以耕、耙、耖为主体的水田整地技术，以育秧移栽为主体的播种技术和以耘田、烤田为主的田间管理技术。

在北方旱地耕—耙—耱整地技术的影响下，南方稻田由于曲辕犁的使用而提高了劳动效率和耕田质量，并逐步形成一套适用于水田的耕—耙—耖整地技术。

为了适应南方稻田的特点，水田耕作工具有了改进。水稻田水层的深浅对水稻的生长有很大的影响，因而要求田面平整，保持水平深浅一致。由于受南方土地的自然限制，以及为了便于平整，每块稻田面积偏小，旱地使用的直辕犁就显得不灵活。唐朝出现了江东犁，它小巧灵活，适应小块土地耕作。为了平整田面，宋朝出现了一种水田特有的农具"耖"。耖的出现，标志着南方水田整地技术的形成。南宋《陈旉农书》中对于早稻田、晚稻田、山区低湿寒冷田和平原稻田等都已提出整地的具体标准和操作方法，整地技术更臻完善。南方水田逐渐形成普及耕—耙—耖的体系，对提高水田整地质量，满足水稻生长对土壤条件的要求起了重要的作用。

知识链接

秦将赵佗：岭南开发第一人。赵佗（约公元前240—前137），恒山郡真定县（今河北省正定县）人，原为秦朝平定岭南的副将，南下攻打百越。秦末大乱时，赵佗割据岭南，建立南越国，自称"南越武王"。赵佗是中原先进耕作技术、打井灌溉技术和冶金、纺织技术的传播者、推广者。他和首批南迁的中原官民把中原耕牛犁田和使用铁制农具的技术传播到岭南，极大地促进了岭南农耕业的发展。在经济上，推广使用铁农具和耕牛，改变以前的"刀耕火种"和"火耕水耨"的耕作方法，大量发展水稻、水果和畜牧业、渔业、制陶业、纺织业、造船业，并发展交通运输和商业外贸，促进了生产发展和社会进步，人民生活日益改善。

早期的稻作都是直播，汉朝开始有了移栽。东汉崔寔的《四民月令》记载："是月也，可别稻及蓝，尽至后二十日止。""别稻"就是移栽，当时主要是为了减轻草害。以后南

耖

唐曲辕犁（又称江东犁），操作较为灵便，特别适于在土质黏重、田块较小的江南水田使用

方稻作进一步发展，移栽主要用以增加复种和克服季节矛盾。移栽先需育秧，南宋《陈旉农书》提出培育壮秧的三个措施："种之以时""择地得宜"和"用粪得理"。即播种要适时，秧田要选得恰当，施肥要合理。宋以后，历代农书对于各种秧田技术，包括浸种催芽、秧龄掌握、肥水管理、插秧密度等，又有进一步的详细叙述。

插秧技术至少在元朝已经定型，这种插秧方法一直沿用至今。其方法是：

芒种前后插之，拔秧时轻手拔出，就水洗根去泥，约八九十根作一小束，却于犁熟水田内插栽，每四五根为一丛，约离五六寸插一丛，脚不宜频挪，舒手只插六丛，脚挪一遍；再插六丛，再挪一遍；逐旋插去，务要窠行整直。

此外，为保证插秧整齐合格，还发明了"秧弹"和"秧绳"等用于育秧移栽。

水稻移栽后，便转入了田间管理工作。水稻田间管理主要包括施肥、灌溉、耘田和烤田几项。

《陈旉农书》有最早记载关于水稻的施肥技术。指出：

土壤气脉，其类不一，肥沃硗埆，美恶不同，治之各有宜也。
若能时加新沃之土，以粪治之，则益精熟肥美、其力常新壮矣。

认为施肥可以改土，保持地力常新壮。明清时期，对肥料的认识进一步深入，有了冬季施用迟效性肥，夏季施速效肥，插秧前施基肥，苗旺长时施追肥等科学施肥措施。

古代称基肥为"垫底"，追肥为"接力"。《沈氏农书》认为，对于水稻使用基肥更为重要：

> 垫底尤为紧要。垫底多则虽遇大水，而苗肯参长浮面，不致淹没，遇旱年虽种迟，易于发作。

明朝《吴兴掌故集》总结出一套安全使用接力的方法，老农言：

> 下粪不可太早，太早而后力不接，交秋多缩而不秀。初种时必以河泥作底，其力虽慢而长，伏暑时稍下灰或菜饼，其力亦慢而不迅速，立秋后交处暑，始下大肥壅，则其力倍而穗长矣。

《沈氏农书》更总结了一套"看苗色施肥"的经验。"下接力"应是：

> 须在处暑后苗做胎时，在苗色正黄之时。如苗色不黄，断不可下接力。到底不黄，到底不可下也。

我国传统的水稻耘田方法比较完备，烤田主要是结合耘田进行。耘田和烤田在北魏时期就已出现，宋朝得到了进一步的发展。

耘田的作用主要在于除草，针对稻田高低不平的特点，耘田时要求：

> 不问草的有无，必遍手排捋，务令稻根之旁，液液然而后已。
> 自下及上，旋干旋耘。先于最上处收畜水，勿令走失。然后自下旋放令干而旋耘。

宋元时期，出现了手耘、足耘和耘荡等耘田方法。手耘时，手指套上手掌状的竹管耘爪，避免手指直接与田土接触，减少损伤。足耘时，手拄拐棒，用脚趾塌拔泥上的草秽，壅在苗根下，起到除草及施肥培土的作用。耘荡时，用一种木板下钉有铁钉，上安有竹柄的工具，耘田时像使用锄头一样，推荡禾垄之间的草泥，可以代替手耘和足耘，同时还提高了效率，减轻了劳动强度。

耘荡图

耘田过后，一般都要烤田，把水放干，进行暴晒。北魏《齐民要术》中首次提到稻田排水晒田对于防止倒伏、促进发根和养分吸收的作用，为后世"烤田"技术的滥觞。放水时为了减少肥水的流失，宋朝出现了烤田的方法。在田中开挖水沟，水被控制在稻田的局部地区，防止肥水外流。

耘爪

人工灌溉是水稻种植常用技术，是稻作农业发展到一定阶段的产物。稻田灌溉最早见于《诗经》："滮池北流，浸彼稻田"。

汉朝，采取不等高水位的措施，对稻田中的水温进行调节。《氾胜之书》记载通过控制进水口和出水口位置，形成一定的水位差以调节稻田水温。其中就有：

耘荡

> 始种稻欲温，温者缺其塍，令水道相直，夏至后大热，令水道相错。

宋明时期，对于水稻的需水量也有了较为精确的计算。宋吴怿《种艺必用》引老农言：

> 稻苗，立秋前一株每夜溉水三合，立秋后至一斗二升。

明宋应星《天工开物》也说：

> 凡苗自函活以至颖栗，早者食水三斗，晚者食水五斗，失水即枯。将刈之时少水一升，谷数虽存，米粒缩小，入碾臼中亦多断碎。

针对稻田用水需水的情况，《沈氏农书》指出稻"尤畏秋旱"：

> 自立秋后断断不可缺水，水少即车，直至斫稻为止。俗云：稻如莺色红，全得水来供。

保持稻田一定的水量既是抗旱的需求，也有防霜的需要。否则：

> 若值天气骤寒霜早，凡田中有水，霜不损稻。无水之田，稻即秕矣。

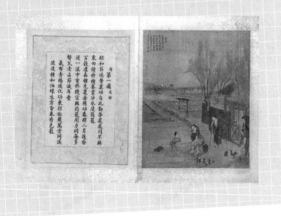

我国水稻品种繁多，历代农书中常有水稻品种的记述。宋朝《禾谱》就是专门记载水稻品种及其生育、栽培特性的著作，记有水稻品种46个。明朝《稻品》记载了明朝太湖地区的水稻品种，记有水稻品种35个。《广志》中记有水稻品种13个，《齐民要术》中有24个，《授时通考》3 000多个。众多的品种是长期以来人们种植、选择的结果。它们不仅满足了不同自然、技术和经济条件下种植的需要，同时也满足了人们日常生活的需求。通过自然变异、人工选择等途径，陆续培育出具有特殊性状的品种。有别具香味的香稻，有特别适于酿酒的糯稻，有可以一年两熟或灾后补种的特别早熟品种，有耐低温、旱涝和耐盐碱的品种，以及再生力特强的品种等。

稲作生产在改进耕作技术的同时，还不断地通过选种和育种来提高作物的产量。宋朝引进了早熟、耐旱的占城稻，以适应高仰之地的种植。为能在低洼易涝的湖田开展水稻种植，我国历史上培育出黄穋稻。北魏时期即已存在，唐宋以后流传很广。黄穋稻属晚种早熟品种，适应水田直播需要。黄穋稻具有耐涝的特性，它能够在稻田水位超出实际需要的情况下正常生长结实。同时它还具有早熟的特点，生育期非常短，能在洪水到来之前或水退之后抢种抢收一季水稻。黄穋稻自身特点适应了唐宋以后经济发展和自然条件的需要，特别是与水争田的需求，使它得到了广泛的推广与普及。

稻区复种是我国水稻种植历史中重要的耕作制度，促进了粮食持续增产，保持稻田土壤肥力。自从有了对短日照不敏感的早稻类型品种，南方水稻可一年种植两季多至三季。从宋至清，双季间作一直是福建、浙江沿海一带水稻的主要耕作制度。明清时期，长江中游以双季连作稻为主。唐宋开始，太湖流域在晚稻田种冬麦，逐渐形成稻麦两熟制，持续至今。早在 4 世纪时，为了保持稻田肥力，南方稻田已实行冬季种植苕草，后发展为种植紫云英、蚕豆等绿肥作物。从明朝起，沿海棉区提倡稻、棉轮作，不但促进水稻、棉花的产量，还减轻了病虫害对作物的侵袭。

高粱——独特抗逆性的世界栽培作物

高粱，亦称"蜀黍""蜀秫""芦穄"，禾本科一年生草本植物。高粱是人类栽培的重要谷类作物之一，已有 5000 多年的种植历史。高粱具有耐盐碱、耐旱、抗逆性强等优良特点，能在贫瘠和较差的占城稻是中国古代典型的外来农作物品种，因原产占城国（今越南中南部）而得名。占城稻是宋元时期知名度最高的水稻品种，其特点是粒小、无芒、早熟、耐旱、不择地而生，产量较高。宋大中祥符五年（1012）引种到江淮、两浙三路，促进了当地梯田和岗田农业的发展，南宋后成为普通大众的主要食粮。在传播的过程中，占城稻还分化出许多适合各地特点的变异类型，为水稻品种布局的进一步合理化和多熟种植的发展创造了条件。宋朝以后，占城稻适应了我国南方水稻生产发展和自然条件的需要，对水稻生产起到了促进作用。特别是一季早籼的普及，为以后双季稻的发展奠定了基础。

高粱

地理条件下生长，所以全球各地广泛种植。从世界范围看，高粱仅次于水稻、小麦、玉米、大麦，位居第五位，世界五大洲的热带干旱和半干旱地区都有分布，温带和寒带也有栽培。

高粱是种奇妙的作物，因具多重抗逆性被誉为"植物界的骆驼"。高粱是喜温、喜光、耐旱、适应能力强的作物，任何品种在短日照处理下都能加速发育。高粱根系十分发达，根细胞具有较高的渗透压，从土壤中吸收水分能力强。因而高粱耐旱能力强，而且还具有较高的耐涝性。高粱植株高大坚实，秆较粗壮，直立，基部节上具支撑根。叶鞘无毛或稍有白粉；叶舌硬膜质，先端圆，边缘有纤毛。高粱抗旱、抗涝、耐盐碱、耐瘠薄，较适宜的土壤条件是土壤肥厚、土质良好、富含有机质的地块。

高粱是我国独立发展的世界栽培作物，是我国栽培植物中最古老也是最大的独立起源中心。考古发现的历史遗存表明，我国最早的高粱栽培可以上溯至新石器时代，1935年，山西省万荣县荆村新石器时代遗址中发现有炭化的高粱籽粒，距今已有六七千年。从20世纪50年代到80年代我国共有十几处高粱的考古发现，地点分布在辽宁、河北、河南、山西、陕西、江苏、新疆和广东等广大地区，陕西就有七处两汉的高粱考古发现。出土实物大部分为炭化籽粒，也有茎叶等遗存。位于江苏省新沂市的三里墩西周遗址中发现炭化的高粱秆和高粱叶，位于河北省石家庄市的市庄村赵国遗址中发现两堆炭化的高粱粒，位于辽宁省辽阳县的三道壕西汉村落遗址中发现一小堆炭化的高粱，位于陕西省西安市郊的西汉建筑遗址中发现土墙上印有高粱秆扎成的排架的痕迹等。这些都说明高粱是我国古老的作物之一，且在我国有较大范围的栽培。

中国高粱具有独特的抗逆性和适应性，在古代作物栽培史上占有重要地位。中国高粱具有丰富多彩的个性，在植物学形态和农艺性状上明显地有别于其他各种类型的高粱，鲜明地带着长久的自然选择和人工选择的痕迹。中国高粱的分蘖类型占的比例小，叶脉多白色，茎秆髓质多为干涸型。小穗明显具脉，下颖质地多为纸质。籽粒包被度较小，易脱粒。籽粒中单宁含量较低，食用品质良好。中国高粱在我国人民日常生活中用途之广泛，常用来做饲料、制酒、制糖、制炊扫具、做架材、编织席芯、做燃料和入药等，更是国外一些高粱类型远所不及的。如此高度进化的高粱类型，如此繁多的高粱品种很难在短短的几百年间造就成功。因此有足够理由相信我国古代是高粱原产地，高粱在我国有着悠久的栽培历史。

古人在高粱种植栽培上，注重与豆类、棉花的间作套种。清朝祁寯藻《马首农言》要求，"高粱多在去年豆田种之"。清朝农工商部编的《棉业图说》指出"于种棉之地先种高粱及蚕豆，次年再行种棉"，认为高粱的最好前茬是豆类，而高粱是棉的好前作。

《棉业图说》对棉花与高粱轮作做了特别规划：

知识链接

悠久的种植高粱历史成就了驰名中外的杏花村汾酒。山西省汾阳市种植高粱历史悠久，2000多年前《地方志》中就有关于高粱的记载。因具有较强的抗旱、耐涝、耐盐碱、耐瘠薄、抗逆性强、高产、稳产、适应性广等特性，高粱是千百年来养育汾州父老的主要食粮之一，历史上最大种植面积达 200 余平方千米。考古发现，北齐时期"汾清"就以醇香甜美名闻天下。汾阳市之所以能酿造出品质超群的杏花村汾酒，是因为汾阳出产的高粱含有淀粉、蛋白质、维生素、单宁等多种成分。汾阳高粱是酿酒的最佳原料，以汾阳高粱为原料酿造的汾酒在 1905 年就获得了巴拿马国际金奖。

汾阳酿酒高粱　　　　　　　　杏花村汾酒古井

凡种棉者宜将田地划分甲乙两区，第一次以甲种棉，以乙种高粱、蚕豆。次年则以乙种棉，以甲种高粱、蚕豆。逐年轮流。

遵循"种之以时，择地得宜，用粪得理"原则，提倡早种早收，注重田间管理，倡导及时收获。

高粱种植要因时因地制宜，不同高粱品种有不同的播种时令。清郭云升所撰《救荒简易书·救荒月令》有详细记载："黑子高粱二月种（大暑热，小暑可食）。""白子高粱三月种（立秋熟，大暑可食）。""快高粱三月种（小暑熟，夏至可食）。""冻高粱十一月种（明年麦后即熟）。"

根据不同种类高粱的特性选用相宜的田土，遵循择地得宜原则。《救荒简易书·救荒土宜》又提出，黑子、白子高粱性耐碱，"宜种麟地"；快高粱、红子高粱因"苗不为沙所打，而能早熟"，因此"宜种沙地"；黑子高粱因其"肥健壮大，其科高至八尺余，种于芜莽荒秽中，万卉俱为所掩矣"，因此"宜种草地"。

在肥料的选用上宜用基肥，在生育期中须施用追肥。清朝杨巩编《中外农学合编》就说：高粱"注重于基肥，基肥以堆肥为主，混加以窒素肥料及磷酸"。而清朝何刚德著《抚郡农产考略》则说："宜耘四五次，用肥五六次，每亩地需肥二十余石。"

高粱栽培应注重田间管理，去弱留强、中耕除草。清张宗法的《三农纪·谷属》论及高粱植艺时提出："苗生三四寸锄一遍，五六寸锄一遍，七八寸再锄以壅根。留强者，去弱者。"清祁寯藻的《马首农言·种植》强调："苗高三四寸则锄，……再锄时，以土壅根。肥地可留其支苗，薄地则去之。锄不厌多，多则去草，且易熟。"

在加工利用方面，古人综合利用高粱籽粒、梢、茎、秆，发展食用、饲用、酿酒、药用等多种用途。元朝王祯在《农书》中记载了高粱的食用、饲用、工艺用等，"蜀黍，……其子作米可食，余及牛马，又可济荒。其梢莲可作洗帚，秸秆可以织箔、夹篱、供炊，无有弃者，济世之良谷，农家不可缺也。"高粱可以酿酒，明朝李时珍在《本草纲目·谷部·蜀黍》载："蜀黍……粘者可以和糯秫酿酒作饵……其谷壳浸水色红，可以红酒。"明朝徐光启的《农政全书》也有高粱食用、饲用、酿酒的记载，"蜀黍，……米有两种，粘者可和糯秫酿酒作饵；不粘者可作糕、煮粥，可济饥，亦可养畜"。高粱还与祭祀

知识链接

高粱在现今人们日常生活中用途广泛，是重要的粮食和饲料作物。按性状及用途的不同，高粱分为四种类型。一是粒用高粱：籽粒以食用和酿造为主的类型，其中糯性高粱品种多为优质曲酒的原料。二是糖用高粱：以茎秆利用为主，茎秆的含糖量达 8%~19%，作为榨糖用。三是工艺用高粱：穗和茎用于工艺加工的类型，穗分枝长达 40~90 厘米，主要用作扎扫帚、编席等，籽粒产量不高。四是饲用高粱：茎秆纤细，易咀嚼，茎秆汁液多，含糖量较高，宜青贮或青饲。

莫言图书——《红高粱》

有密切关系，明朝以蜀黍即高粱来祭祀，并赋予如"稷"一样的地位，《本草纲目·谷部·稷》说："今之祭祀者，不知稷即黍之不粘者，往往以芦穄为稷。"

大豆——人类植物蛋白的重要来源

大豆，豆科大豆属一年生草本，通称黄豆。依种皮颜色别称有黄豆、青豆、黑豆，种皮黑色、子叶青色的称黑皮青豆或青仁乌豆，摘鲜豆荚以嫩豆粒作蔬菜用的称毛豆。大豆是人类植物蛋白的重要来源，种子富含蛋白质和油分，可供食用和做饲料。大豆最常用来做各种豆制品、榨取豆油、酿造酱油和提取蛋白质。豆渣或磨成粗粉的大豆也常用于禽畜饲料。大豆广泛栽培于世界各地，在中国、日本、朝鲜及东南亚一些国家为重要的食物组成部分，在美国、巴西和阿根廷等国也是主要的豆类作物。

大豆具有典型的形态特征及生理特性。大豆是直根系，由主根、侧根、不定根组成，主根和侧根上生有许多根瘤，根瘤具有固定空气中的游离氮素的作用，根瘤发育良好的根

大豆图

野生大豆

20世纪80年代，孟山都公司研究人员从矮牵牛中克隆获得了抗性基因（EPsPs基因），并应用粒介导转移脱氧核糖核酸（DNA）技术，将矮牵牛质粒（caMv）中35s启动子控制EPsPs基因导入大豆基因组中，进而培育出抗草甘膦大豆品种，这种大豆被称为转基因大豆。在大田中施用草甘膦除草剂，通常情况下会把普通大豆植株与杂草一起杀死。而转基因大豆具有耐除草剂草甘膦基因，对非选择性除草剂有高度耐受性，大田中施用草甘膦除草剂不会影响大豆产量。转基因大豆的毒性和安全隐患问题一直备受争议，人们对于转基因大豆有健康和生态两大类忧虑。从健康角度来说，转基因的大豆油是否含有对人类有害的成分。从生态角度来说，抗草甘膦大豆会不会成为超级杂草从而打破自然界的生态平衡。

瘤菌可供应大豆生长需氮量的三分之一至二分之一。大豆茎秆强韧，茎上有节，节上着生豆荚，多节的大豆常高产。豆叶为三小叶的复叶，小叶宽卵形，叶茂密有利于光合作用。有无柄、紧挤的花，花萼披针形，花紫色、淡紫色或白色。荚果肥大，稍弯，密被褐黄色长毛。荚内种子2~5颗，椭圆形、近球形，种皮光滑，有淡绿、黄、褐和黑色等色。大豆为短日照作物，需要充足的阳光。养分要求氮、磷、钾较多，其次为钙、镁、硫。播种时土壤水分必须充分，开花结荚期和鼓粒期需大量水分。

大豆根系图

大豆是世界上最古老的农作物，又是新兴的世界性五大主栽作物。大豆栽培已遍及世界各国，美国、巴西、阿根廷和中国为世界大豆主产国。美国是目前世界上最大的大豆生产国，产量占世界大豆总产量的一半以上。大豆是中国重要粮食作物之一，已有5000年栽培历史。根据大豆品种特性和耕作制度的不同，我国大豆生产分

　　共生固氮是豆科植物独具一格的生长发育特点和形态特征。大豆根瘤菌是一种活的微生物制剂，根瘤内的根瘤菌与豆科植物互利共生。根瘤菌将空气中的氮转化为植物能够吸收利用的含氮物质，而豆科植物通过光合作用为根瘤菌提供有机物。先秦时期，就已观察到大豆有根瘤的现象，对大豆的生理生态习性已经有所认识。西汉《氾胜之书》最早谈到大豆的根瘤，指出"豆生布叶，豆有膏"，膏指的就是根瘤的肥田作用。古代先民很早就总结出栽培大豆和其他豆类都有"养地"的作用，发现种豆肥田的效用并应用于生产实践。北魏《齐民要术》详细记述了大豆和其他作物间作、轮作、复种以及混播等种植方式，指出大豆在轮作中的地位和增产效果。

根瘤菌 ——————→ 氮 → 豆科植物
　　　　←—————— 有机物

为五个主要产区：东北三省为主的春大豆区、黄淮流域的夏大豆区、长江流域的春夏大豆区、江南各省南部的秋作大豆区、两广及云南南部的大豆多熟区。东北地区是我国历史悠久和规模集中的大豆种植区，商品率高、商品量大，在当地农业产业结构中占有重要地位，对我国大豆产业具有举足轻重的影响。

　　大豆是野生大豆通过长期定向选择和改良驯化的结果。在我国各地都有野生大豆的分布，特别是黄河流域和东北地区，有很多类型的野生和非野生的大豆。我国各地不仅有籽粒小、粒形长扁、种皮黑色、茎细长、蔓生的野生大豆，而且有籽粒较小、粒形扁椭圆、种皮黑色或黄色、茎细蔓生的近野生类型和粒大、粒圆、种皮黄色、茎粗短、直立性强、高度进化的栽培类型。我国古农书里都有关于野生大豆的记载，6世纪陶弘景在《名医别录》里说"大豆始于泰山平泽"。明朝朱橚在《救荒本草》中记述，"山黑豆生于密县山野中，苗似家里豆，……采角煮食，或打取豆食皆可"。中国大豆直接或间接地传播至世界各地，很早就传入日本、朝鲜、东南亚各国和印度等地，19世纪相继传入欧美各国，现在大豆已遍布世界各国。

　　大豆起源于中国，我国古代文献中有大量关于大豆的记载。

野大豆

商朝甲骨文中有描述野生大豆缠绕伴生植物特性的象形文字，后来称为菽。西周初期至春秋中叶的主要文献资料《诗经》中，描述植物的诗句中就包括菽（大豆）和藿（豆叶）。《管子·戒篇》中有齐桓公"北伐山戎，出冬葱及戎菽，布之天下"的记载，说明春秋时期戎菽传布天下各地。《周礼·职方氏》中记载，"九州"中只有豫州和并州有"菽"的分布，说明华北平原是"菽"的集中产区。《吕氏春秋》把菽分为大、小两种。秦

知识链接

　　大豆由当地野生大豆经定向选择而来，我国大豆有多个中心起源地。由于地理分布的区别，各个地区的野生大豆和栽培大豆的遗传本性有很大差异。长江流域的野生大豆对光照反应极敏感，迟熟性最强；黄河流域的野生大豆对光照反应较敏感，迟熟性较差；东北野生大豆对光照反应不敏感，表现早熟。各地区的栽培大豆比该地野生大豆对光照反应敏感性稍差，早熟性稍强；但自南而北其熟期性的变化趋势完全一致。大豆对光照特性严格的区域性和差异性，各地区野生大豆和该地栽培大豆光照特性的近似性，以及各地区野生大豆向栽培大豆的演化规律，为栽培大豆起源于多个地区提供了有价值的证据。

汉以后，古书中的"菽"已被"豆"替代，《齐民要术》把大豆分为黑、白两种，《氾胜之书》记载大豆种植地区从北方逐渐向长江流域扩展，《宋史·食货志》记载从淮北等地调运北方盛产的大豆种子到江南各地种植，元朝初期大豆已扩及全国。明朝《本草纲目》中把大豆分为黑、白、黄、褐、青、斑六色，种皮类型已相当丰富，很接近现今大豆的各样种皮颜色。清《全上古三代秦汉三国六朝文》指出："大豆生于槐，出于泪石之峪中。九十日华，六十日熟。"从我国大量历史资料来看，大豆起源地于黄河中下游地区，逐渐推广至全国各地，广泛种植延续至今。

　　中国自古栽培大豆，考古发现的多处大豆遗存是栽培大豆起源的实物证据。1980年，吉林省考古工作者在吉林省永吉县的大海猛遗址发掘出炭化大豆，属西周末期至春秋初期的遗物。经C14测定年代距今2520—2660年，树轮校正年代为2535—2775年。同炭化大豆一起出土的农业生产工具有石斧、石铲、石锄、石磨盘、石磨棒，以及猪骨、陶猪等，证明这些炭化大豆确系栽培大豆。1959年，山西省的考古工作者，在山西省侯马市的牛村古城南东周遗址，贮藏粮食的窖穴中发掘出大豆遗存。经C14测定为2300年前的遗物，种粒黄色，百粒重20克，同现在的大豆相近似。1958年，中国科学院考古研究所发现洛阳西郊2000多年

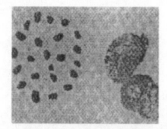

吉林省永吉县的大海猛遗址炭化大豆

山西省侯马市出土的大豆

马王堆汉墓出土的大豆

大豆万石陶仓

前的汉墓，并发掘出陶仓，陶仓上有"大豆万石"的文字，陶仓中有大豆实物。1972—1974年，先后在长沙马王堆1号和3号汉墓中发掘出大豆遗存，距今已有2100年。豆粒外形清晰可辨，黑色，椭圆形，已炭化，计百粒重约4克左右。1975年，湖北凤凰山168号汉墓中出土的大豆，为棺内沉积物中的颗粒物，呈椭圆形或肾形，长8~9毫米，宽5毫米，种皮黑色。这个墓葬距今也已2100年。1984年，贵州赫章可乐"西南夷"（153号）墓的铜鼓中，发现了稻和大豆等植物的遗存。我国大豆遗存物年代久远，数量较多，大量出土文物为大豆起源于中国提供了充分的实物证据。

中国古代劳动人民在生产过程中积极探索大豆种植技术，积累了丰富的大豆栽培经验，进行合理耕作、栽培、管理及培育。随着古人对"时令"的认识，能较为准确地依据节气变化安排大豆的播种期。《齐民要术》强调时令选择对大豆播种的影响，"二月中旬为上时，三月上旬为中时，四月上旬为下时"。两汉时期，大豆的整地经验取得显著进步。《氾胜之书》提出春大豆"精耰"耕作法，"不用深耕""土和无块"。《齐民要术》总结大豆整地经验说："秋耕欲深，春夏欲浅。"对大豆的选种育种始于西周，春秋时期已经知道选择优良品种。《管子·地员》说："其种大菽，细菽。""大菽"籽粒圆匀、饱满，植株壮硕，"细菽"种粒较小，蔓生，茎干细弱。清包世臣著的《齐民四术》注重优良豆品种的选择，"于田内择其尤肥实黄绽满稞者，摘出为种"。在对待大豆的播种量上，须根据耕种地土壤的肥瘠决定,遵循"肥稀瘦密"的原则。《四民月令》指出"种大小豆，美田欲稀，薄田欲稠"。

我国古代施肥技术的进步，反映在认识到合理施肥重要性的同时，很早就知道豆类植物根系的固氮肥地作用。迟至6世纪开始，由于认识到大豆根瘤菌的固氮肥地作用，我国已开始将大豆与其他作物进行轮作、间作、混种和套种。很早就有大豆与其他作物的轮、间、混、套种的记载，《齐民要术》记载有大豆和麻子混种、大豆和谷子混播作青茭饲料的记载。宋元间《农桑要旨》指明桑间种大豆可使"明年增叶分"，清朝《农桑经》说大豆与麻的间作有防治豆虫并使麻增产的

豆制品

作用。农书中还有介绍林、豆间作的经验，《农政全书》说杉苗的"空地之中仍要种豆，使之二物争长"，清朝《橡茧图说》橡树"空处之地，即兼种豆"。大豆和粟、麦、黍稷等是较为普遍的豆粮轮作制，《陈旉农书》总结了南方稻后种豆，有"熟土壤而肥沃之"的作用。中耕施肥时，也要考虑到大豆本身的养地作用。清朝《齐民四术》提到豆"自有膏润"，因此在中耕时"惟豆宜远本，近则伤根走膏润"。

在大豆栽培技术方面，古人注意到种植密度和整枝两个方面。种植大豆要遵循"肥稀瘦密"的原则，《四民月令》指出"种大小豆，美田欲稀，薄田欲稠"，肥地稀种可争取多分枝而增产，瘦地密植可依靠较多植株保丰收。《三农纪》提到若秋季多雨，枝叶过于茂盛，容易徒长倒伏，就要"急刈其豆之嫩颠，掐其繁叶"，通过整枝以保持通风透光。

我国在几千年前的日常生活中，就已把大豆加工成各种各样的食品。《周礼》中有"百酱"的记载，可以认为1000多年前就用大豆做酱。北魏《齐民要术》也有记载，以大豆制豆豉，介绍用大豆做酱的方法。北宋《本草衍义》等书中还谈到豆腐的做法和吃法，南宋时古书中又有豆芽、豆浆、豆腐乳、豆糕、豆沙等大豆加工品的记载。

秦汉以前，大豆是人们的主要粮食。当时人们还不了解大豆的营养价值，制作方法比较单一，只是把它当作粗粮。《战国策》说："民之所食，大抵豆饭藿羹。"这就是清贫人家的主要膳食，用豆粒做豆

饭，用豆叶做菜羹。汉朝以后，发明了制豆腐、生豆芽和榨油技术，扩大了大豆的应用范围，使大豆从主食逐步转为副食。长期以来我国人民对大豆的加工技术积累了丰富的经验，豆腐等的制作技术还曾向国外输出。

知识链接

古代不少诗人为大豆和豆制品写下了脍炙人口的诗篇，真实地描绘了大豆制品在人民生活中的重要地位。既有感慨食豆叶藿羹的艰苦生活，西晋张翰的《豆羹赋》："孟秋嘉菽，垂权挺荚，是刈是获，充篝盈筐，时街一杯，下咽三叹。"也有慨叹食豆饭的清贫生活，北宋苏轼的《豆粥》："地碓舂粳光似玉，沙瓶煮豆软如酥""卧听鸡鸣粥熟时，蓬头曳履君家去。"还有对豆腐制作和豆类美味的具体描写，元朝郑允瑞的《豆腐赞》："种豆南山下，霜风老荚鲜，磨砻流玉乳，蒸煮结清泉，色比土酥净，香逾石髓坚，味之有余美，五食勿与传。"更有在描述中折射出豆芽的不凡品格，明朝陈嶷的《豆芽赋》："有彼物兮，冰肌玉质，子不入于污泥，根不资于扶植。金芽寸长，珠蕤双粒；匪缘匪绿，不丹不赤，白龙之须，春蚕之蛰。"

3 家禽家畜：
传统畜禽养殖技术

在人类经济文化的发展历程中，最初的原始人类过着狩猎生活，"裸体衣皮，茹毛饮血"，食物大多得自野生的动物。随着人类文化的渐渐进步，把狩猎生活中多余的野禽野兽进行驯养而成为家禽、家畜。人类的饮食结构随之发生变化，家禽、家畜的肉、蛋、奶、皮毛等成为人类衣食的来源，人类的生活进入逐水草而居的游牧时代。只是到了仅靠家禽、家畜难以满足逐渐增多的人口食用供应时，人类就又学会了植物驯化栽培，从此又进入农耕时代。

中国是家养动物的主要起源地之一，中国古代有传统的"六畜"之说，也有三大"家禽"之称。中国古代对禽兽概念有比较明确的区分，《尔雅·释鸟》就有相关解释，"二足而羽谓之禽，四足而毛谓之兽"。"六畜"包括豕（猪）、犬（狗）、羊、牛、马、鸡；三大"家禽"包括鸡、鸭、鹅。这是古人对中国主要家养畜禽种类的一种概括。这些畜禽在原始时代已被人工饲养，其野生祖先大多在中国可以找到，它们是我们祖先在长期的生产实践过程中驯化过来的，并在此基础上不断培育出众多优秀的家禽家畜品种。

农业剪纸

耕驾并用的马

马是中国历史上最重要的役畜之一，在农牧区都被广泛饲养和利用，在我国古代的交通运输、农业生产和军事上发挥了重要作用。在中国畜牧业史中，以养马的历史最为丰富。早在原始社会晚期已

69

开始养马。由于马在战争、交通、礼仪及耕垦曳引等方面的重大作用，很早就被称为"六畜"之首。历代政府因战备需要，多大量养马，并设官管理。民间也养马以供耕驾，北方和西北的游牧民族尤以养马发达、牧草肥美、精于骑术著称。在牧区骑马技术的发明与推广，是发展大规模游牧经济的关键。

马属草食性动物，主要分布于欧亚大陆、非洲和南北美洲。不同品种的马体格大小相差悬殊，重型品种体重达 1 200 千克，体高 200 厘米；小型品种体重不到 200 千克，体高仅 95 厘米，袖珍矮马仅高 60 厘米。马的嗅觉很发达，马主要依靠嗅觉接收外来的各样信息并迅速地做出反应。马的听觉是另一个非常发达的器官，因此马的信息感知能力很强，为马躲避猎食动物的袭击提供了生存保证。我国马的地方品种具有上千年的历史，按马种的历史来源、生态环境及体尺类型等综合因素可分为蒙古马、西南马、河曲马、哈萨克马和西藏马五个独立类型。

马的祖先是生活在 5000 万年前新生代第三纪始新世的始祖马，中国马种的起源和演进分为南北两个路径。普氏野马曾被认为是中国北方马种的祖先，但经过多年的考古发掘和调查研究，证明

知识链接

汗血宝马是经过 3000 多年培育而成的世界上最古老的马种之一，据《史记》记载大宛国（今费尔干纳盆地）是汗血马原产地。在古代文学著作中，汗血宝马能够"日行千里，夜行八百"。汗血宝马在奔跑时血管扩张，加之皮肤较薄，也就很容易看到血液的流动。另外，汗血宝马的肩部和颈部汗腺发达，出汗后会使枣红色或栗色毛的马的局部颜色显得更加鲜艳，给人以"流血"的错觉，这也就成为汗血马的由来。汗血马体型好、善解人意、速度快、耐力好，适于长途行军，非常适合用作军马。汗血马从汉朝进入我国一直到元朝，曾兴盛上千年。但是它体型纤细，负重能力不强，难以适应古代冷兵器时代士兵骑马作战负重大的特点，最后几乎所有从中亚、西亚引入的种马都归于消亡。

汗血宝马

中国家马的祖先是野生马种（E. caballus），其前一代为三门马（E. samenensis），它们都曾在中国北方广大地区生存，三门马在我国许多地方都发现了其化石遗存。中国南方马种则起源于云南马（E. yunnanensis），它们的化石分布在以四川、云南为中心的广大地区。我国是马的起源地之一，但马却是六畜中最晚被驯化的家畜，现在的家养马是从野马经过漫长驯化、选择、饲育逐渐演变形成的。

在我国畜牧业史中，以养马的历史最为丰富。据《周易·系辞下》记载，黄帝、尧、舜时"服牛乘马，引重致远"。可以认定我国在原始社会末期，也就是距今5000年前马已被驯化和用于使役。"黄帝驾马车，大战蚩尤"。甘肃永靖马家湾、江苏南京北阴阳营、河南汤阳白营等新石器时代晚期遗址中，都出土有马骨和马牙。马政机构的设立在周朝就已开始，专门掌管马匹管理、鉴定、调教、马病防治等事宜。此后我国历代都设有专职马政，负责马匹的放牧、饲养、乘御、选择、调教、管理、市易诸事。汉武帝时，出现"众庶街巷有马，阡陌之间成群"。武帝喜马，曾派遣张骞出使西域，引进大宛良马汗血马。秦汉以来，唐马最盛，"既杂胡种，马乃益壮"。蒙古族被称为马背上的民族，"以弓马之利取天下"建立元帝国。明朝出现由杨时乔编撰的养马专著《马书》，论述有关马政、牧养、调教、良马选育以及马病防治等。清朝以"马上得天下"后，在东北、西北及内蒙古等地建立养马场，发展马业。

养马最初是为了食肉，日常生活中还可饮乳、制酒。俄国考古学家发现，最早的家马遗骸都是幼马，说明当时养马的目的还是为了食肉。草原民族自古通行马乳饮用，秦汉时传入中原。马奶性味甘凉，含有蛋白质、脂肪、糖类、矿物质和多种维生素，善清胆、胃之热。马奶经发酵酿成的马奶酒，清凉可口，有滋脾、养胃、除湿、利便、消肿等作用。汉宫中设专官和工匠制作马奶酒，供皇室饮用。据《汉书·礼乐志》载：

茶马古道

"以马乳为酒，撞挏乃成也。"《宋史·高昌国传》曰："马乳酿酒，饮之亦醇。"马最早用于拉车和在战争中拖战车，后来汉族由黄河中下游平原地带拓展到山区，于是发明并开始使用骑术。骑术的发展，给马匹的利用开辟了更广阔的道路，马的进一步发展利用提高了交通效率。

知识链接

马球就是运动员骑在马背上挥杆打球，又叫击鞠、球戏、打球、波罗球等。唐朝宫中盛行的打马球起源于西藏，主要流行于军队和宫廷贵族中，明朝发展为一种军事体育。考古出土的马球俑、描绘马球活动的铜镜，特别是在长安城唐大明宫含光殿发现记载修建马球场的刻石，证实了当时开展马球运动的盛况。马球运动有益于参与者的身心、骑术和技艺的锻炼，马球手在马球场上相互配合，驰骋拼搏，无疑是体力、技能与智谋的综合竞争。现代马球不只是竞技运动，更是一项文化修养的运动。现代马球运动流行于欧美等发达国家的皇家贵族上层名流社会，已经形成完善的运动体系。

中国的马术运动历史源远流长，始见于汉朝宫廷娱乐。汉唐时期空前发达，人们热衷于骑射、马球等娱乐活动，唐朝出现了马背演技、舞马、赛马等项目。明朝，北京地区每到春季都要进行走马和骑射活动。进入清朝以后，赛马活动更是盛行。乾隆年间，在北京修建了很多赛马场，并在各种民俗节日里举行赛马活动。现代马术运动源于欧洲，强势也在欧洲。马术是一项绅士运动，在人与马的完美配合中传递出儒雅的绅士气派和高贵气质。奥运会的马术比赛分为障碍赛、花样骑术和综合全能（三日赛）三项，每项均设团体和个人金牌，共产生六枚金牌。

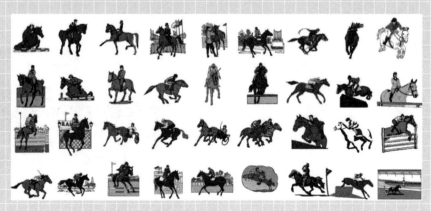

商以后养马业就逐渐得到发展，开始用于军事、交通和狩猎等，马的地位也随之显著提高。周时据马的不同类型分为多种用途，"种马"供繁殖用，"戎马"供军用，"齐马"供仪仗及祭奠用，"道马"供驿站用，"田马"供狩猎用，"驽马"只作杂役用。殷周时期马车普遍用于车战、狩猎和载运，先秦时出现马耕。马还被我国北方少数民族广泛应用于生产和战争，我国古代陆路交通驿站上使用的驿骑和驿车都离不开马。马还用于体育运动，马术、马球都是世界性的传统体育项目。

马术表演

马具是在马身上配备的器具、物品，以便更方便地控制马匹。马刺也叫靴刺，是一种较短的尖状物或者带刺的轮，与骑马者的靴后根相连，用来刺激马快跑。马鞍是放在马背上供人骑坐的器具，保证坐得稳当，经常用象牙及皮革来装饰和制作。随着我国铸造金属技术的发展而发明了马镫，有了马镫骑马者的双脚才有所寄托，西方才有可能出现中世纪的骑士，并出现了一个骑士制度的时代。马拉车时是依靠马的胸骨与锁骨来负重的，负重用的胸带挽具最终才实现了马的有效运输。胸带挽具是我国发明，8世纪传遍欧洲。最有效的挽具是颈圈挽具，最晚于公元前1世纪由我国发明。这种挽具有效地克服了马在解剖学上没有隆肉的缺陷，使马具备牛的特点可以套上轭拉重物，这种肩套挽具的形式直到今天仍在全世界普遍采用。

马车

相马术出现在商朝，周朝趋于成熟，相马专家伯乐著有《相马经》。春秋时期相马名家人才辈出，各家判断良马的角度不同，形成各种流派和各有特点的相马名家。各位相马名家根据部位不同都能鉴别出马的优劣，"寒风是相口齿，麻朝相两颊，子女厉相目，卫忌相髭，许鄙相尻，投伐褐相胸胁，管青相膹吻，陈悲相股脚，秦牙相前，赞君相后"。相马术经过三国、两晋、南北朝的长期发展，更加趋于完善。北魏的贾思勰整理汇编了有关相马、养马、医马的经验，将马匹外形学推向一个新的、更高的水平。

我国传统养马技术内容丰富，成绩卓著。春秋战国时期对马的饲养管理方法是舍饲和放牧并举，这时军马的饲养管理也达到了较高的水平。汉武帝为应对匈奴战争的需要，致力于良种马的引进，先后从西域引入大宛马和乌孙马，在当时的西北边区进行了大规模的马匹选育和改良工作。唐、宋以后，人们十分注重良马的改良与繁殖。唐朝的养马业规模空前，唐太宗时陇右国营牧场养马达 70 万匹之多。唐朝通过马籍和马印制度，把良马、驽马、强马、弱马区别开来，有利于马种的存优去劣，为良种繁育创造了条件。明朝吸收历代马政制度所长，重视养马，马政设施甚为完善。

勤劳朴实的牛

牛是草食性反刍家畜，牛在中国古代是牛科中牛属和水牛属家畜的总称，通常指黄牛或普通牛和水牛，也还包括牦牛和犄牛。在中国文化中，牛是勤劳朴实的代名词，"俯首甘为孺子牛"。牛被广泛用于耕地、驮运、坐骑、拉车、征战等生产与生活中，在农区是农耕的主要动力，在牧区为牧民提供肉乳皮革的同时兼做运载工具。

中国是最早驯养牛的国家之一，黄牛、水牛、牦牛和犄牛都是我国独立驯化的有角大家畜。中国黄牛血统主要来源于亚洲原牛，亚洲原牛和瘤原牛是中国黄牛的两个基本血统来源。我国黄牛远在新石器时代（公元前 8000—前 10000）即由亚洲原牛驯化而来，在河北武安磁山遗址和山东藤县北辛遗址出土的牛骨骸，反映了当时黄牛可能已被饲养。我国水牛起源于亚洲原水牛，在我国南北地区不同时代的古地层里，发掘出德氏水牛、旺氏水牛等不同类型的水牛化石，反映了水牛的进化过程。在长江流域彭头山文化、河姆渡文化的许多遗址中，都有家养水牛遗骸的发现。在山东大汶口、王因遗址，河北邯郸涧沟遗址等也有水牛骨骼发现，表明新石器时代水牛可能生活在淮河以北的一些地方。

牛是我国先民早期饲养的家畜之一，普通牛的驯化距今约有9000多年。现在的家养牛是从野牛驯化而来的，在新石器时代开始驯化。在河北武安磁山、陕西西安半坡新石器时代遗址中都出土有牛骨的残骸。《诗经·小雅·无羊》中有"谁谓尔无牛，九十其犉"的诗句，"犉"即黄毛黑唇的牛。《周礼·地官》中的"牛人"是专掌养牛的官职，说明我国古代早已开始大规模养牛了。

牛被驯化成家畜以后，其用途范围不断扩大。把野牛驯化成家畜首要目的就是食用，其后发展到喝奶并制作奶制食品等。新石器时代晚期，牛开始用于祭祀，至商朝已很盛行。迄今牛都是重要的商品之一，石器时代中晚期牛就被充当商品以牛易他物。牛用于殉葬，始于商朝，流行于周朝，至汉朝仍然存在。役使牛拉车始于商朝，至汉唐盛行。在人类的经济生活中，牛最重要的用途之一就是役使犁田耙地，农业生产中用牛进行犁田、耙田和耱田、播种。

东汉石刻耕牛图

春秋战国时，商业繁荣，牛多用于运输。秦汉时期，农业发达，利用牛耕以代替人力操作，使生产力大为提高。汉武帝时推行代田法，"二牛三人，耕五顷"。《汉书·食货志》也提道："耦耕可用二牛挽二犁，二人各执一犁，一人牵引二牛，共二牛三人，每年可耕地五顷。"元

牛耕的方式早期为二牛三人式，后来逐渐发展为一牛一人式

朝《农桑衣食撮要》也提出"家有一牛可代七人之力"。

牛耕是传统农业的象征，古代役牛耕地、整地是中国种植业活动的典型行为。牛是历代传统农业的功臣，是重要的种植业生产力，它除了被役使耕整土地之外，还往往承担拉车、拉碾、拉碌碡等工作，作用和影响很大。牛耕技术的出现，在我国古代农业史上是一个重要的里程碑，它是我国古代生产力发展到一定水平的重要标志。

铁农具的普遍使用和牛耕技术的出现在中国历史上代表着一个新时代的到来，此时的生产力突破了该时代的生产关系，而建立起一种新的生产关系。黄河中下游地区是我国牛耕的最早起源地，春秋末期秦、晋、卫、周、齐、燕等地原始牛耕已经萌芽，这时牛耕主要以拉木犁或"包金耒耜"为主。战国时期普遍使用铁农具，犁耕技术就有了较大的发展，因此牛耕技术首先在中原地区和黄河中下游地区实行。

至东汉时期，我国南北都普遍开始牛耕。1952年8月，在徐州双沟地区发现的汉画像石有一幅牛耕图，系二牛抬杠，一人扶犁。1959年秋，在山西平陆枣园发现的东汉墓壁画中，有一幅牛耕图和一幅牛播图，所反映的牛耕、牛播技术为二牛抬杠和单牛曳拉。至迟在225年以前，云南人民已掌握了牛耕技术。据《三国志·蜀志·李恢传》载："赋出叟、濮耕牛、战马、金银、犀革充继军资"，以耕牛供给四川。唐宋时期，一牛一犁的普及和小农核心家庭平均人口规模的扩大，进一步推动了牛耕的发展，五六口人、五十亩（约3公顷）地和一头牛，成为小农经济的发展趋势。

徐州双沟出土的汉画像石牛耕图

山西平陆枣园东汉墓壁画中的牛耕图

在我国各类亚洲原牛先后得到驯化，形成了不少古代牛种，这些牛种相互影响，有的已被培育成优良的地方品种。在选择培育优良牛种方面，我国古代劳动人民积累了丰富而系统的经验，培育出不少杂交良种牛。历代都有不少有经验的相牛专家，积累有完整的一套外貌鉴定法。撰有《相

知识链接

　　韩滉的《五牛图》，中国十大传世名画，是少数几件唐朝传世纸绢画作品真迹之一，也是现存最古的纸本中国画，堪称"镇国之宝"，现存于北京故宫博物院。韩滉（723—787），字太冲，长安（今陕西省西安市）人，唐朝名相韩休之子，《五牛图》是韩滉今天存世的唯一作品。横卷上的五头牛神态、性格、年龄各异，或行或立，或正或侧，或俯或仰，姿态生动，将牛憨态可掬的模样描绘得惟妙惟肖。五头牛中的每一头都可独立成画，但相互间又能首尾连贯，前呼后应，彼此顾盼，构成一个统一的整体。韩滉准确地把握了牛的结构比例以及透视关系，无论是牛的正面站立，还是回首顾盼，都处理得生动巧妙，丝毫没有生硬之感。《五牛图》有勤劳致富、勤恳忠实、诚信友好、年富力强、事业兴旺之寓意。

牛经》《水牛经》和《相牛心镜要览》等专著，为牛的育种工作提供了有益借鉴。

　　对牛的饲养管理，我国古人积累了丰富的经验。商周时期对牛的饲养管理实行放牧与圈养相结合的方式，春秋战国时期趋于成熟。北魏《齐民要术》指出，养牛要"寒温饮饲，适其天性"，并提到造牛衣、修牛舍，采用垫草，以利越冬等，表明已很重视舍饲管理措施。南宋《陈旉农书》首次列有专篇论述牧养耕牛，元朝《王祯农书》说"今农家以牛为本"，可见历代农家对耕牛饲养的重视。清朝张宗法《三农纪》提出，"慎寒暑，体劳逸，度饥渴，节作息，安暖凉"，则"牛精神爽快，筋骨舒畅，皮毛润泽，至老不衰，可以延年"。《知本提纲》总结有十六字诀："身测寒热，腹量饥饱，时食节力，期孕护理。"古人总结提出的不少养牛技术和管理，对促进牛在农业生产中的应用与发展起到了很大作用。

　　普通牛分布较广，头数最多，与人类生活的关系最为密切。普通牛最初驯化的地点在中亚，以后扩展到欧洲、非洲和中国。普通牛经过不断地选育和杂交改良，均已向专门化方向发展。现代牛的生产类型可分乳用品种、肉用品种、兼用品种和役用品种，英国育成了许多肉用牛和肉乳兼用品种，欧洲大陆国家则是大多数奶牛品

奶牛品种

知识链接

牛被印度教徒视为"圣兽",教徒敬牛如神。教徒认为牛既是繁殖后代的象征,又是人类维持生存的基本保证。就是在科学技术十分发达的今天,印度人对牛仍然是敬之如神。在印度的一些城市、乡村里,老牛、病牛、残牛比比皆是,牛可以到处自由游荡,神圣不可侵犯。印度的"圣牛养老院",就是将那些年迈体弱,不能自己觅食的老牛收养起来,一直到老死。印度是全球牛的存栏量最多的国家,人均拥有量居世界第一位。印度是牛的天堂,印度人在家中饲养牛,给牛起名字,同牛说话,用花环和绶带装饰牛。

石刻的牦牛图腾

种的主要产地。英国的兼用型短角牛传入美国后向乳用方向选育,又育成了体型有所改变的乳用短角牛。驯化了的普通牛,在外形、生物学特性和生产性能方面都发生了很大变化。体型比野牛小,性情温驯,毛色多样,乳房变大,产乳量和其他经济性能都有很大提高。

近代以来,我国有计划地开展牛种的改良,使之成为一项产业并迅速发展。1945年抗日战争胜利后,联合国善后救济总署曾引进数批黑白花奶牛,送至我国各大城市。新中国成立后,又从苏联引进科斯特罗姆、奥斯特里生黑白花等品种,还从荷兰、加拿大、德国、日本等国引进黑白奶牛。这些奶牛,除纯种繁育外还与全国各地的本地黄牛长期进行杂交和选育,因而形成了现今的黑白花奶牛。

尊牛、崇牛,世界上还有许多以牛为图腾崇拜物的国家和民族。如古埃及人、波斯人视公牛为人类的祖先。中华民族崇奉炎帝与黄帝为先祖,炎帝是姜氏部落首领,且炎帝牛首人身,可以看出其部落是以牛为图腾。我国将牛作为图腾崇拜的民族还有许多,藏民族以牦牛为图腾崇拜,蒙古族以芒牛为图腾崇拜。作为先祖图腾,其文化流传与民俗影响极其深远。如今,无论是藏区保存完整的有关牦牛题材的原始岩画,还是殷商时期雕刻在青铜器皿上的牛头纹饰,都可以追溯到远古华人以牛为祖先的图腾崇拜文化中。

牛文化是农耕文化的核心，牛被赋予了吉祥、自强、勤恳、无私奉献的文化内涵，其内容涉及语言、古代祭祀、军事、医药、文学作品、艺术品等方面。《说文解字》对"牛"部字作了较系统的整理，如果从编排分类上分析，《说文·牛部》体现了古人对"牛"的类人性的分类，显示古人对牛的亲近与认同。牛是中国古代重要的祭品，《礼记·曹礼下》记载："凡祭……天子以牺牛，诸侯以肥牛，大夫以索牛。"

牛还是古代诗人学者吟咏赞颂的对象，《诗经·小雅·无羊》说："尔牛来思，其耳湿湿，或降于阿，或饮于池，或寝或讹。"牛也是古代画家描写的对象，唐朝韩滉的名画《五牛图》笔法粗豪老辣，用极简朴的线条概括牛的形体结构，线条粗细疏密有致。牛形更是精美的雕铸艺术品，江苏邗江出土的东汉错银饰青铜灯作牛驮灯盏的造型，光彩夺目，是一件华美的艺术品。

有趣的国内外斗牛习俗。古今中外都有斗牛节，节日名称虽然相同，但文化渊源却有所差异。我国苗族人民爱斗牛，基本上每个集会节日都有斗牛活动，每年秋收后，还有特有的斗牛节。苗族斗牛节以水牛相斗，展示苗家敬牛、爱牛、拜牛的特性，牛在不断的饲养中实现优选、优养进化。我国侗族人喜欢以斗牛为乐，"斗牛节"是侗族同胞的传统节日，多在每年农历的二月或八月里逢"亥"的日子里举行。侗家喜欢斗牛，村村寨寨都饲养着善斗的"水牛王"。

西班牙是世界上著名的"斗牛王国"，在西班牙没有不斗牛的节日，也没有不爱看斗牛的地区。西班牙的斗牛历史悠久，西班牙斗牛节起源于西班牙古代宗教活动（杀牛供神祭品），13世纪时便有了斗牛节。斗牛的场式中，乐曲雄壮奔放，乐曲声中斗牛士入场。斗牛士身穿绣花紧身衣，紧腿裤，头戴三角帽。韩国清道斗牛节是韩国代表性民俗活动，每年的三四月份举办，代表农耕文化。斗牛节可以追溯到农耕时代牧童作为休闲娱乐而进行的斗牛活动，后来又发展成为一个部落

斗牛节

或氏族显示势力的一种手段。

本性驯顺的羊

自古至今，羊在人们的日常生活中都占有重要的地位，它不仅与饮食文化，而且与宗庙祭祀、审美观念都有着密切的联系。在古代，羊可供祭祀，是"太牢"之一，同时又可供饮食，是人们餐桌上的美味佳肴。我们祖先重视养羊，培育羊、发展羊，在家羊的品种上，除了山羊、绵羊，并培育出了蒙羊、藏羊、同羊、滩羊、寒羊、湖羊等优良品种。在现代，羊既是广大农牧民的放牧对象和重要的经济来源，也是城镇居民必备的食品。可以说羊和人们的生活息息相关，羊肉可食、羊皮可衣、羊奶可喝。

中国自古把不同属的绵羊和山羊统称为羊，绵羊是由野生的羱羊或盘羊驯化而成，而山羊是由野山羊驯化而成。绵羊品种按尾型可分为细短尾羊、细长尾羊、脂尾羊、肥臀羊四类，绵羊一般体躯丰满，被毛绵密，头短。绵羊现在世界各地均有饲养，性情既胆怯，又温顺，易驯化。山羊不同品种体格大小相差悬殊，根据生产性能可分为乳用山羊、毛用山羊、绒用山羊、裘皮山羊、羔皮山羊和普通山羊等几大类型，毛粗直，头狭长，角三棱形呈镰刀状弯曲，颌下有长须。山羊生产具有繁殖率高、适应性强、易管理等特点，至今在中国广大农牧区广泛饲养。绵羊和山羊对生态环境的适应性不同，发展的历史也有所差异，但自古以来都是肉食和毛皮的重要资源，更是草原人民衣食的主要来源。

陶羊是我国被驯化饲养较早的动物之一。从考古资料来看，在我国许多新石器时代文化遗址中，都发掘有羊的骨骼和陶羊等。在河南新郑裴李

野山羊　　　　陶羊

岗遗址中出土了羊的牙齿、头骨以及陶塑羊头，可见我国驯养羊的历史至少已有7000多年了。甘肃秦安大地湾遗址出土有10多个羊的头骨，陕西西安半坡遗址也出土有羊的牙齿及残骨。从全国来看，有20多处发掘出羊的骨骼，分布在河南、陕西、内蒙古、山西、河北、江西、湖南、云南、广西、甘肃等省区，充分表明在新石器时代晚期人们对羊的饲养已较为普遍。

人类对山羊和绵羊的驯化，可以追溯到11000年前。从古籍来看，我国在公元前16—前11世纪殷商时期的甲骨文"卜辞"中已有"羊"字。根据考古遗址中出土的家畜骨骼判断，我国羊的驯化大约有四五千年的历史。我国古代从事畜牧业的先民们为满足生产和生活的需要，在实践中有目的地对绵羊向各自需要的方向进行选择。将野生绵羊驯化为家养绵羊以后，还将单一的用途（肉食）选育成为今日的多用途（肉、毛、裘、皮、奶），由低产驯养成高产。

在以后的绵羊发展过程中，古代蒙古羊、肥尾羊、藏羊和湖羊对近代绵羊品种的形成关系较大。我国是山羊早期独立驯化地之一，各地山羊品种形成是在自然选择和人工选择作用下长期适应的结果。山羊自古遍于南方，是南方的主要羊种，北方草原上也有分布。我国北方地区山羊品种形成过程中导入古代西域山羊的血统，在特定生态环境及地理隔离条件下经长期选育而成。

夏商时期，作为畜牧业中的养羊业有了较大发展。夏朝先民已从事养羊，到商朝六畜已普遍饲养。在商朝的青铜四羊方尊中，羊的肉髯和须看起来和我们熟悉的山羊几乎没有差异。商周时期举行祭祀和庆典时，均以牛、羊为牺牲。祭祀时称牛、羊、豕三牲齐备为"太牢"，羊、豕为"少牢"。可见那时羊作为家畜已经被普遍养殖，并被人熟识。周朝时，设有专管畜牧的官员"牧人"，《周礼·地官》载："牧人掌牧六畜，而阜蕃其物。"周朝管理畜牧和祭礼等有关的机构和官职的建立，促进了当时畜牧业的发展兴旺。《诗经》载："日之夕矣，羊牛下来。"从《诗经》来看，商周时期黄河中下游地区牲畜放牧与圈养（或称"舍饲"）相结合的方式已较盛行。此时，养殖的饲养管理已由原始经营开始向半舍饲半放牧发展，在饲养管理过程中懂得了养殖需要良好的饲养管理条件，开始种植牧草进行补饲。

春秋战国时期家庭养畜业有很大发展，牧羊业已颇为广泛。《庄子·达生篇》载有"善养生者，若牧羊然，视其后者而鞭之"，以牧羊喻养生。《墨子·天志篇》指出，"四海之内，粒食人民，莫不刍牛羊"。《荀子·荣辱篇》说，"今人之生也，方知畜鸡狗猪彘，又畜牛羊"，反映了作为六畜之一的羊已在民间广泛饲养。春秋时期，人们对发展养殖业日益重视，对羊的繁殖提出了要适时配种，同时对提高羊群质量也有相当认识。

秦汉时期，随着商品羊经济的发展，在有条件的地区，人们开始较大规模地养羊。据《史记·货殖列传》记载，"陆地牧马二百蹄，牛蹄角千，千足羊，泽中千足彘"，其每年收入等于一个"千户侯"。有如此高的经济效益，对养畜业起到促进作用。《史记·平准书》说到汉朝养羊获得成就的著名人物卜式，卜式以羊百余头在山区牧放，经过十几年，增殖到千余头。他牧羊获得成功的经验是：注意饲养管理，淘汰劣种和病羊，使羊群得到健康发展。

魏晋南北朝时期，牧区养羊及民间养羊都十分兴盛，创造了一套适合羊的习性的饲养管理技术。北魏《齐民要术》中的"养羊篇"堪称我国现存最早、最完整的养羊经验总结。注重羊的选种，强调羊的选种应注重妊娠家畜的生活环境，充分考虑当地气候和饲料等对孕畜和幼畜的影响而决定合适的留种期。在放牧时间上，一般"春夏早放，秋冬晚出"。要求"起居以时，调其宜适"。放牧时要注意"缓驱行，勿停息"。对放牧人要求"必须大老子，心性宛顺者"。对圈舍从羊喜欢干燥出发，"唯远水为良"。养羊要喂盐，"养羊法，当以瓦器盛一升盐，悬羊栏中，羊喜盐，自数还啖之，不劳人收"。现代研究证明，经常给羊喂盐，可增加其适口性，满足其掺入氯化钠的需要，对促进其消化及体液流通等生理机能有重要作用。

魏晋时期甘肃嘉峪墓砖画古代西域女性牵羊图

早期先进的养羊技术为后来隋唐牧羊业的发展奠定了良好的基础，隋唐养羊业的发展相当迅速。由于唐朝与吐蕃交往增多，西藏的蛮羊和吐蕃羊也运往内地，丰富和发展了唐朝的养羊业。唐朝以后，由于皇室和往来使臣的肉食需要，对栈羊非常重视。《唐六典》为此定有规制：一人饲养20只，每只定量供给饲料，屠宰有日期限制，并规定有孕母畜不准宰杀等。唐朝不仅政府大量养羊，平民百姓也普遍养羊。数量大为增加，质量大有提高，已经培育出许多品质优良的羊种，如河西羊、河东羊、濮固羊、沙苑羊、康居大尾羊、蛮羊等。沙苑羊是现代同羊的祖先，育成于唐朝。同羊毛柔细长，肉嫩皮薄，是我国优良的地方羊品种。

同羊

湖羊

宋元时期，养羊技术得到进一步发展。唐朝以前，南方限于自然条件主要饲养山羊。宋时北方居民大量南迁，把生长于黄河流域的绵羊带到江南。经过长期的风土驯化，靠舍饲和半舍饲的饲养方式，北方的绵羊逐渐适应南方的水土，终于培育成耐湿热的著名品种——湖羊。湖羊肉质肥美，羔皮毛细长弯曲，无底绒，皮裘花纹美丽，很受世人珍爱。

明清时期对养羊的技术有进一步的提高和发展，羊的优良品种不断增加，饲养管理方法更趋于精细化，推广羊的肥育法，重视养羊积肥，促进了农牧的结合。人们已经推广栈羊法以催肥商品羊，懂得草料的制备和补充蛋白质的重要性，以及多次饲喂的方法。掌握了控制羊的配种期，认为产羔期以冬末早春时节最好。人们还懂得养羊积肥，以便促进谷物生产。清朝祁寯藻所著的《马首农言》中记述了山西寿阳地区养羊经验："寿邑羊春则出山，牧之于辽州诸山中；秋则还家，牧之于近地；禾稼既登，牧之于空田，夜圈羊于田中，谓之圈粪，可以肥田。"也就是因时因地制宜放牧，放羊与积肥相结合。

我国的羊文化历史悠久，在传统文化中有很多美好的寓意，羊

为吉祥、美好、善良的象征。《说文解字》有记："羊，祥也。"每逢春节，人们喜欢用"三阳开泰""吉祥如意"等吉祥话互致问候。最迟到汉朝，羊已成为人们信仰中的吉祥物，古器物铭文中"吉祥"多作"吉羊"，汉时的瓦当、铜器中亦多有"大吉羊"的字样。羊也是讲礼仪，遵道德的化身。在草原人民心目中，羊是灵兽，亲如家人，是吉祥的化身和幸福的象征。羊能体现人伦之美，把羊作为知己知孝的象征。《春秋繁露》说："羔饮之其母必跪，类知礼者。"《公羊传》何休注："乳必跪而受之。"羊"跪乳"的习性，被视为善良知礼，被后世演绎为孝敬父母的典范。

自古以来，羊就是我国重要的家畜，养羊具有很高的经济价值。"陆畜之利广者，莫过于羊"。羊浑身是宝，羊肉、羊奶是很好的食品，羊骨、羊角、羊脂、羊内脏等具有食疗及药用价值，羊粪是优质有机肥，用羊皮毛所制的羊裘、羔裘名贵华美。羊是草食家畜，不与人争粮，而且可为人类提供多种产品，它是现代畜牧生产中一项前途广阔的饲养业。

浑身是宝的猪

猪，一种杂食性肉用哺乳动物。身体肥壮，四肢短小，鼻子口吻较长。肉可食用，皮可制革，体肥肢短，性温驯，适应力强，易饲养，繁殖快，有黑、白、酱红或黑白花等色。家猪是中国古代最重要的一种家畜，是我国古代人民主要的肉食来源，同时还被广泛用于祭祀、随葬等各种仪式性活动中，在当时的社会生活中扮演了重要角色。

猪是农牧业主要的家畜，得到"浑身是宝"的赞誉。肉可食，鬃可制刷，皮可制革，粪是很好的肥料。在中国的肉食资源中一直占据最重要的地位，猪肉始终是中国人最喜欢的肉食种类。我国养猪业历史悠久，经验丰富，所培育的猪种资源、种类众多。

家猪是由野猪经长期驯化演变而成，经历了一个多元的驯化过程。野猪向家猪的转变经历了一个漫长的渐变过程，人类早期通过狩猎活动获取肉食资源的方式已经不能满足肉食的供应，捕获并驯化野猪开辟了获取肉食资源的新途径。野猪分为欧洲亚种和亚洲亚种两个亚种，欧洲亚种是西亚和欧洲的家猪原种，亚洲亚种则是亚洲地区的家猪原种。中国家猪是亚洲野猪许多变种中的基本品种之一，中国家猪的起源可分华南野猪和华北野猪两大类型，两者在体型、毛色、繁殖力等方面都迥然不同。华北地区的家猪是华北野猪驯化而来的，华北野猪分布于中国北部从沿海至甘肃西部和四川等地。华南地区的家猪是由华南野猪驯化而来的，华南野猪分布于华南各地。中国家猪的驯化并非集中于某一个地区，而是各地居民分别驯化了当地野猪的结果。

我国是养猪大国，猪品种资源极其丰富。据统计，全世界猪品种

知识链接

在2000年前，罗马帝国就将广东猪引进，改良他们猪种晚熟、生长慢、肉质差的本地猪，从而育成罗马猪，罗马猪对于近代西方著名猪种的育成起着很大的作用。18世纪初，英国也开始引进广东猪与本地约克夏猪杂交，育成约克夏、巴克夏等世界知名的猪种。因此现在差不多世界上知名的猪种，都含有中国的猪的血统。

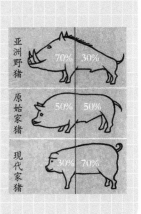

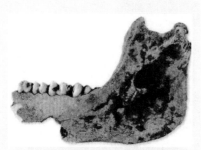

贾湖遗址家猪骨骼标本

新石器时代陶猪

有300种，中国有120多个优良猪种，约占三分之一。中国的猪大体上分为南方猪与北方猪，有华北、华南、华中、江海、西南、高原六大类型。我国猪种性成熟早，排卵数多，具有较高的生产性能，并以早熟、易肥而闻名，我国猪种的优良品质很早就为国外所重视。

地方猪种是我国家畜资源的重要组成部分，是培育新品种，保护家畜遗传多样性，促进我国生猪产业持续健康发展的重要种质资源。中国地方品种猪有100多个品种，在长期的自然选择和人工选择过程中，地方猪种具有良好的抗寒、耐热、抗病、耐低营养和适应粗纤维饲料的能力。但由于外来品种的侵入，中国地方品种猪已经存栏量越来越少，个别品种已经处于濒危状态，因此保护利用好地方猪种资源意义重大。

猪的体型、结构和生理机能在其驯化的过程中不断发生变化，经过驯化的野猪与家猪有明显的区别。体型方面的改变表现最为典型，野猪前驱发达而中、后躯短小，适于防御、攻击和奔跑。野猪因觅食掘巢，经常拱土，嘴长而有力，犬齿发达，头部强大伸直，头长与体长的比例约为1:3。现代家猪则变成前躯轻，中躯长和后躯丰满的肉用体型，性情也变得温驯。经过长期喂养的现代家猪，头部明显缩短，犬齿退化，头长与体长之比约为1:6。由于食物结构的变化，家猪的肠道大为增长。生殖机能旺盛，消除了季节性繁殖的限制，从一年1胎增至一年2胎，从一胎产4~6仔，提高到一胎产8~12仔，甚至更多。

中国是最早将野猪驯化为家猪的国家，在中国的家养动物中猪具有特殊的地位。早在母系氏族公社时期，就已开始饲养猪，浙江余姚河姆渡新石器文化遗址出土的陶猪，其图形与现在的家猪形体十分相似，说明当时对猪的驯化已初具雏形。依据考古发掘，距今8200年的内蒙古赤峰市的兴隆洼遗址墓葬中发现随葬的一雌一雄两头猪；距今 8000 年的河北武安磁山遗址祭祀区的坑底部内发现摆放 1 头或 2 头猪；距今 9000 年的河南舞阳贾湖遗址和距今 8200 年的浙江萧山跨湖桥遗址里，都发现了猪下颌骨的牙齿排列呈现明显扭曲的现象。由于兴隆洼、磁山、贾湖和跨湖桥遗址相互之间不存在文化交流的现象，因此可以推测不同地区猪的饲养行为都是独立起源的。

在北方黄河流域，河北徐水南庄头底层发现猪可能已被饲养，裴李岗和磁山遗址已出土了家猪骨骼，遗址中的猪头塑像，也不同于强大伸直的野猪头形象。在南方地区，距今 9000 年的广西桂林甑皮岩遗址也发现了

河姆渡遗址出土与猪相关的文物

家猪骨骼，这是我国目前发现最早的家猪遗存。浙江余姚河姆渡遗址也发现了 6900 年前的猪下颌骨，并出土用陶器制成的猪模型，从其形态来看，已属于家猪类型。可见养猪在中原和华南地区早已盛行。

中国是世界上最为重要的猪类驯化和饲养中心，猪的驯化、饲养与选育技术在中国有着较为悠久的历史。

家畜品种质量是发展畜牧业的先农条件，优良猪种需要人工选择培育，中国猪种培育的辉煌历史和对世界其他猪种育成具有重要影响。中国古代人民十分重视猪种的选育工作，根据猪的外形特征进行选种。

商周时期已有猪的舍饲，以后随着生产的发展，逐渐产生了对不同的猪加以区分的要求。我国早在商周时就有相畜术，根据家畜的外形特征来品评鉴定其优劣。商朝的韦家，相传是我国最早的选种专家。他能根据猪在家养条件下发生的变异，从外形特征上选择符合要求的后代供繁殖用。

汉朝在猪种选育方面，继先秦时期的"六畜相法"之后，得到进一步发展。经过历代相传，猪的外形鉴定得以不断丰富。贾思勰所撰的《齐民要术》集中反映了猪选种技术，"母猪取短喙无柔毛者良，喙长则牙多，一厢三牙以上则不烦畜，为难肥故；有柔毛者焯治难净也"。清朝《豳风广义》中也有从猪的外观形体来判断猪的优劣，"母

猪惟取身长、皮松、耳大、嘴短、无柔毛者良"。许多农谚中也有不少养猪选种经验，如"丝颈葫芦肚、崽子好又多"，强调母猪要选颈细长、肚子大的，其产仔才多、母性才强。我国古代及当今民间流传的猪选种方法或经验与现代数量遗传学中性状相关理论一致，外貌评定在猪育种中仍是一项重要方法。

阉割技术是我国古代家猪饲养技术中最杰出的代表，这是牲畜饲养技术的一大进步。猪阉割技术的出现，是我国古代兽医学的一项重要成就。商周时期创造了猪的去势育肥技术，即把猪阉割去势，猪的性情变得驯顺，利于猪的肥育，增高肉品质，满足人类的需求。《礼记》载："豕曰刚鬣，豚曰腯肥"，意即未阉割的猪皮厚、毛粗，而阉割后的猪长得膘满臀圆。猪的阉割技术对猪种的优选，猪肉质量的提高都具有重大影响。

我国古代先民在长期的养猪实践中，因地制宜，发展出不同的家猪饲养方式，概括起来有放养、圈养以及圈养与放养相结合的方式。

汉朝，养猪已不仅为了食用，也为积肥，这一变化促进了养猪方式的变化。汉朝以前虽已有舍饲，但直至汉朝时止，放牧仍是主要的养猪方式。而据对汉墓出土的青瓦猪圈各种类型明器的考证，说明汉时在某些地区已出现舍饲与放牧相结合的方式。

魏晋南北朝时期，舍饲与放牧相结合的饲养方式逐渐代替了以放牧为主的饲养方式。随着养猪业的发展和经济文化的不断进步，养猪经验日益丰富。从《齐民要术·养猪》中可以看到当时圈养舍饲的证据：

牝者，子母不同圈。子母同圈，喜相聚不食，则死伤。牡者同圈则无嫌。牡性游荡，若非家生，则喜浪失。圈不厌小。圈小则肥疾。处不厌秽。泥污得避暑。亦须小厂，以避雨雪。

春夏草生，随时放牧。糟糠之属，当日别与。糟糠经夏辄败，不中停故。八、九、十月，放而不饲。所有糟糠，则蓄待穷冬春初。猪性甚便水生之草，杷楼水藻等令近岸，猪则食之，皆肥。

隋、唐以来，我国养猪业一直保持着兴盛的局势，成为增加农民收益的一种重要事业，并把猪尊称为"乌金"。在《朝野金载》一书中就有这样的记载：唐洪州"有人畜猪以致富，因号猪为乌金"。在当时封建王公贵族的养猪场规模宏大，数量常在数千头以上，并实行大群的放牧饲养。到了宋朝，养猪业更有较大的发展，一些诗文、笔记中反映了当时猪多价贱的情况。宋《东京梦华录》记述了北宋末年京都从南熏门赶进猪只时"每日至晚，每群万数，止十数人驱逐，无有乱行者"，说明当时城市对猪肉需求的程度和养猪业的盛况。在猪饲养管理方面，明清时期总结出了一套方法。《三农纪》提出了圈干食饱和少喂勤添的饲养原则。书中说："喂猪莫巧，圈干食饱。"又说"一人持糟于圈外，每一槽着糟一杓，轮而复始，令极饱。若剩糟，复加麸糠，散于糟上，令食极净方止，善豢者六十日而肥"。

我国历代人民在种猪选育上所创造的光辉业绩，不仅属于中国，也属于全世界，应列为重要的世界农业文化遗产。新中国成立以来，我国养猪业得到了迅速恢复与发展。尤其自1959年，毛泽东主席发表《关于养猪业的一封信》，提出猪应为"六畜"之首，养猪业又登上一个新的台阶。当前，我国养猪业已逐步走向规模化、集约化、工厂化的道路。我们应对我国几千年长期积淀的养猪实践经验，尤其在猪种选育方面所取得的成就，给予科学的总结和提高，继承这一珍贵的历史遗产，古为今用，为当前的现代化养猪业服务。

知识链接

中国第一家猪文化博物馆开馆，演绎猪的历史文化。中国第一家猪文化博物馆坐落在湖南省株洲市天元开发区，主建筑群由三个展厅、一个观光塔、一个生态养殖场组成。展厅通过形象生动、全面丰富的文字、图片、实物、活体标本、音像资料，生动又趣味横生地向参观者演绎猪的历史文化、进化演变、民俗传统、营养美味、品质改良等内容。博物馆的生态养殖场还蓄养了20多个品种的良种和地方生猪品种，其中有原始野猪、自古供皇家享用的香猪、憨态可掬的沙皮猪等。观光者在这里可以大开眼界，一睹平时不能领略的事物。

忠诚主人的狗

狗是一种很常见的犬科哺乳动物，全世界狗的品种约有400多种，可作为猎犬、使役犬和玩赏犬等用途，古代大者称"犬"，小者称"狗"，别名又叫"地羊""黄耳"。不同种类的狗在体型、性情方面各不相同，但它们对主人都无比忠诚，这一点是所有家犬的共同特征。狗是人类最好的朋友，与我国古代人们的生活息息相关而受到宠爱。一方面能够帮助人类看家、捕鼠、放羊、狩猎、运输、侦察、破案等，成为人类劳动中的帮手，另一方面优美的皮毛和伶俐的外观成为人们的豢养宠物。

狗是人类最早驯化的家畜，在家畜饲养业中占有一定的地位。在狩猎采集时代，人类的狩猎工具比较落后且效率低下，人们只好通过驯养狗作为人类狩猎时的助手。有关家狗的起源在中外专家学者中有以下三种认识：有认为家狗是古代野狗的后代，也有认为是由不同地区的狼在属地驯化而来，还有认为狗是狼、豺等犬科动物杂交的后代。有关狗的驯化历史有理论认为，狗大概是在距今15000—40000年前被人类驯养。据国外资料记载，认为在美洲驯养狗约有10400年的历史，英国约9500年，土耳其约9000年，大洋洲约8300年。我国考古学家在徐水南庄头底层发现距今大约1万多年的狗驯化足迹，在河南新郑裴李岗、河北武安磁山、浙江余姚河

知识链接

　　山东省胶县的三里河遗址出土的狗型鬶与陶塑小狗，其造型生动逼真，可以看出新石器时代家犬的形态特征。众多文化遗址中出土的家狗骨骸，都足以说明我国在仰韶文化、大汶口文化和龙山文化时期，狗的饲养在南方和北方都得到了一定的发展。

姆渡等遗址都出土有狗的骨骼，这些足以证明其驯养历史之久远。

殉狗骨架

狗的出现和进化都与人类文明发展有着千丝万缕的联系，是被驯化、利用和开发得最早的家畜。殷商时期，狗在社会生活中占有相当重要的地位。殷人食狗肉，利用犬狩猎，还有将狗用于殉葬和祭祀的习俗。殷墟出土文物和"卜辞"文字中有狗的象形文字，记述了当时畜狗狩猎的情景。周朝狗已成为人们社会生活中不可缺少之物，设有"犬人"的官，其职责是"凡祭祀共犬牲，用牷物"，也就是要求主要祭品中有整犬。为了保证祭品的需要，不能随便宰杀种犬以保证犬的增长繁殖。

战国时，认识到犬属非反刍类牲畜而需要人工饲养，在常年饲喂及利用过程中掌握并使用"相狗"的方法来识别良犬与劣犬。先秦时期，养犬业比较发达，选种和繁育已具有相当的水平，犬种主要有田犬、吠犬和食犬。邢昺疏云："《毛传》云：'田犬也，长喙曰猃，短喙曰猲獢。'田犬即猎犬。"田犬用于放牧，吠犬用于护围，在早期的狩猎经济活动中起着重要作用。汉朝养狗业兴盛，皇宫设"狗中"和"狗监"的官职，扩大养殖狗的规模。

古人不仅将其用之于狩猎，而且也用于古代战争。隋唐五代时，军营中养犬的地方叫"狗铺"。唐末，军阀朱全忠为防御敌人侵袭，在战壕中设有"犬铺"，犬极易发现来犯的敌军并会发出猖猖的吠声，使营中知所警备。《三秦记》曰："丽山西有白鹿原，原上有狗枷堡，秦襄公时有大狗来下，下有贼则狗吠之，一堡无患，故川得厥目焉。"犬在防御敌人侵袭中起到了重要作用。

在古代北方地区，家犬常常被用于交通运输。《盛京通志》记载："古元史有犬站，以犬代马；今赫真飞牙哈部落，尚役犬以供负载。"元朝，从辽阳直到奴尔干有一条大干道，冬季唯一得力的交通运输工具就是狗车。黑龙江奴尔干的东征元帅府为了保证同中央政权的联系，利用狗车载物乘人，运送贡品，传递公文等，到清朝还

　　一直在使用。《清文献通考》记述："自宁古塔七百余里……有狗车木马轻捷之便，狗车形如船，以数十狗曳之，往来递运其土产貂物等，岁以为例。"时至今日，生活在我国东北的一些少数民族在凛冽的寒冬仍用狗来拉雪橇，南极考察亦用狗来拉雪橇或运输东西。

　　家犬不但深刻地影响了我国古代的社会生活，还直接导致了诸种与之相关的文化现象的形成，图腾崇拜文化现象包含了对某些动植物超凡生命力的钦慕。因为犬有恩惠于人类的生存繁衍，长期以来我国一些少数民族把犬奉作神祇进行顶礼膜拜。从历史文献和口碑资料看，我国古代苗族的图腾崇拜物是"狗图腾"。

　　我国西南苗、瑶等少数民族都将盘瓠奉为本民族开天辟地的始祖而传颂，盘瓠即为中国古代神话中的神犬。《搜神记》和《后汉书》都有盘瓠的记载，"高辛氏有老妇人，居于王室，得耳疾，挑之，得物大如茧，妇人盛瓠中，覆之以盘，俄顷化为犬，其文五色，因名盘瓠"。在有些少数民族地区，甚至在人生病时，用犬作祭，而不用药物治疗，"病无药饵，但烹犬羊以祭"。犬的图腾崇拜还反映在某些民族或部落的节俗、衣食或婚丧仪式中，据刘锡蕃的《岭表纪蛮》记载，"每值正朔，家人负狗环炉灶三匝，然后举家男女，向狗膜拜，是日就餐，以扣槽蹲地而食，以为尽礼"。

知时报晓的鸡

　　鸡被我国古代列为"六畜"之一，也是养禽业中饲养量最大的家禽。鸡是人类饲养最普遍的家禽，世界上鸡的品种有 100 个左右，变种多达300个以上，且经济价值较高的品种也有10个之多。《说文》解释："鸡，知时兽也。公鸡能报晓，母鸡能生蛋"。

在漫长的发展演变过程中，中国古代产生不少独特的鸡品种。大型善斗的鹍鸡，供报时用的长鸣鸡，食药兼具的乌骨鸡，珍异贡物的长尾鸡，观赏用的江南矮鸡，其他南方品种还有九斤黄、狼山鸡。

一般认为家鸡由原鸡经人工驯养而成，我国是较早驯化原鸡的国家之一。迄今所知野生原鸡有红色原鸡、蓝喉原鸡、灰原鸡和绿原鸡四种，我国广西南部、海南岛、广东、云南等地发现的野生、半野生"茶花鸡"就已证明为红色原鸡。在新石器时代的陕西西安半坡、甘肃兰州西坡坬、河北武安磁山、山东大汶口、藤县北辛和云南元谋大墩子等遗址中都发现有家鸡遗骨，为研究我国家鸡的驯养历史提供了考古学证据。

我国古代特别重视鸡，是一个具有悠久养鸡历史的国度。商周时期，鸡备受人们重视。《周礼》设置"鸡人"的官职，既掌管祭祀用的鸡牲，也负责用鸡报时。春秋战国时期，养鸡已相当普遍，老子在《道德经》就说："邻国相望，鸡犬之声相闻"。据《吴地记》记载，吴王夫差曾筑城以养鸡，"鸡坡墟者，畜鸡之所"。《越绝书》也记载，越王勾践以"鸡山"为养鸡基地，"鸡山，勾践以畜鸡"。到了秦汉，养鸡之风更盛，东方朔在论及"岁月八日"时，把鸡放在首位，即"一日鸡，二日犬，三日豕，四日羊，五日牛，六日马，七日人，八日谷"，可见鸡在当时社会地位之重要。

在地主庄园经济时期的东汉，至今已有大量的鸡舍模型出土，表明此时鸡除了放养外，还进行圈养，说明这一时期鸡的饲养技术有了较大的进步。自汉至魏晋时期，中国的养鸡业已经进入了一个昌盛的时期，养鸡技

原鸡标本

在东西方许多文化中，鸡是吉祥、孕育和财富的象征。我国古代神话中的重明鸟能辟邪，人们用木刻的重明鸟挂在门窗上吓退妖魔鬼怪。因重明鸟模样类似鸡，以后就逐步改为画鸡或剪窗花贴在门窗上，也即成为后世剪纸艺术的源头。因鸡与"吉"谐音，山东一些地区为图吉利，娶亲时有"抱鸡"的婚俗，女家选一男孩抱只母鸡，随花轿出发，前往送亲。人们赞美鸡，主要是赞美鸡的武勇之德和守时报晓之信德。晋朝祖逖"闻鸡起舞"的故事，鼓舞着人们的斗志，竟被誉为"人之楷模"。

术和管理技术的日臻成熟，在世界上也可以说是很先进的。汉朝时，养鸡能手祝鸡翁因善于养鸡而致富，养鸡数十年，数量多达上千只。经过 2000 多年的积极倡导，养鸡成为我国农村最主要的饲养业，养鸡业作为当地农村经济的支柱产业快速发展。

古代劳动人民十分重视养鸡，在长期实践中积累了丰富的养鸡科学技术知识。无论是在鸡的选种育种、繁育饲养上，还是在鸡的生病治疗上都取得了显著的成就，培育出许多优良的地方品种，不仅造福自己，而且还不断输出国外，对世界上鸡的品种培育和改良也做出了重大贡献。

我国早在 3000 多年前已经出现了"相鸡术"，南朝梁时《相鸡经》就是有关相鸡的专著。《庄子·逸篇》谓："羊沟之鸡，三岁为株，相者视之，则非良鸡也。"北魏农学家贾思勰在其《齐民要术》中也列有《养鸡篇》，系统地总结了北魏以前我国劳动人民的科学养鸡技术，对选择各种种禽时幼雏孵化时间、母禽年龄、配偶比例等均有精细记述。《养鸡篇》在关于鸡种的优选方面指出："鸡种取桑落时生者良。形小、浅毛、脚细短者是也。守窠，少声，善育雏子。"对雏鸡的饲养经验是："鸡，春夏雏，二十日内，无令出窠，饲以燥饭。"有关经验一直沿用到宋元时期，对后代养鸡业的发展起着十分重要

知识链接

　　古时候人们养鸡一是为了吃肉，二是为了报晓、娱乐。古代无时钟，在日出而作，日落而息有规律的农事活动中，几千年以来曾依靠"鸡鸣报晓，鸡鸣报午"，鸡在古人报时上起着十分重要的作用。古印度和古希腊斗鸡盛行，因而出现了一些骨骼坚实、肌肉发达，身体灵便、果敢善斗的斗鸡品种。我国唐朝斗鸡游戏更为风行，宫中具有五百位养斗鸡人的鸡坊。头领贾昌被天下称为"神鸡童"，甚得玄宗的赏识，予以高官厚禄。

的作用。

　　晋朝发明鸡肥育的栈鸡术，把鸡固定在栅栏内，以达到限制运动，增喂次数，减少消耗，加速肥育的目的。成书于清朝的《鸡谱》更为人们所重视，《鸡谱》不仅对鸡的良种繁育、卵的孵化和雏鸡的饲养方法作了介绍，而且还介绍了鸡病的防治方法。《鸡谱》以中兽医理论概述了"疫瘟"（霍乱）、"脚疗"（鸡趾瘤）等十多种鸡病，指出"脚疗"的发生与鸡长久生活在坚硬而不洁的场地分不开。《鸡谱》还开列了治疗鸡病的处方，并首次介绍了"嗉囊切开术"等外科手术的治疗方法。

知识链接

　　有趣的斗鸡习俗：中国的斗鸡习俗至少已有近3000年的历史。春秋战国时期，斗鸡作为一种娱乐竞技活动已相当普遍。斗鸡在汉朝是一种常见的游戏，《汉书·食货志》说："世家弟子富人，或斗鸡走狗马，弋猎情戏"。三国时期，魏明帝曹睿还在邺都筑了斗鸡台以供斗鸡之用。曹植在《斗鸡颂》中描写的斗鸡场面栩栩如生，"长筵坐戏客，斗鸡闻观房。群雄正翕赫，双翅自飞扬。挥羽邀清风，悍目发朱光。觜落轻毛散，严距往往伤。长鸣入青云，扇翼独翱翔"。唐朝时斗鸡更为盛行，不仅民间设有

斗鸡场，连皇上也喜欢玩斗鸡。唐明皇曾经不惜重金，在宫廷中设置豪华鸡坊，还派人专门养鸡，作为斗鸡之用。明朝民间还出现了斗鸡组织——斗鸡社。斗鸡体型魁梧、体质健壮、性格强悍善斗。斗鸡时把两只性情凶猛的公鸡放在一起，它们就会激烈地互相啄咬起来，还会用鸡距劈击对手。斗鸡的场面相当激烈，两只鸡斗得难分难解，势不两立。

擅长凫水的鸭

鸭是一种常见的水禽，属鸟纲、鸭科动物，灰褐色的羽毛，坚硬而角质化的嘴巴。一般体型较小，短颈，短腿，趾有蹼，步态蹒跚，擅长凫水。古代文献中称鸭为"凫"或"鹜"，最早的词书《尔雅·释鸟》中的注解为："野曰凫，家曰鹜"。我国是世界上养鸭历史最悠久的国家，鸭的品种资源丰富，高邮鸭、北京鸭、绍兴鸭为我国三大名鸭。根据鸭的特有行为，鸭可分为钻水鸭、潜水鸭和栖鸭三大主要类群。

人类按照一定的经济目的，经过长期驯化和选择培育出肉用型、蛋用型和兼用型三种用途的品种。鸭的著名品种北京鸭是优良的肉用和产蛋品种鸭，由南京湖鸭驯化而成。明迁都北京后永乐皇帝把这种鸭带到南苑饲养，使其逐渐适应了北方的气候条件。当时在北京近郊上林苑中养种鸭2 624只，仔鸭不计其数，专供御厨所需。清朝中期又把驯养的南京鸭迁运到西郊玉泉山一带放养，这里自然条件更加优越，再加上与北方的白河蒲鸭交配、优选，驰名中外的北京鸭就此诞生。

家鸭由野鸭驯化而来，鸭是我国劳动人民最早驯化的家禽之一。绿头野鸭是中国鸭的祖先，古人通过改变野鸭生存条件，不断进行人工选择，促其遗传性向人类所需要的方向改变，经过长时间的饲养才被驯化为家鸭。在我国目前已出土文物中，湖北天门石家河遗址出土的陶鸭，青海马家窑文化的鸭形尊，福建武平岩石门丘山的陶鸭，河南安阳殷墟遗址中的玉鸭和石鸭，商墓中已有铜鸭、玉鸭和石鸭出土，西周墓中也有鸭蛋出土，西周青铜器中常有鸭形尊，这些都反映了我们先祖在三四千年前已开始普遍养鸭。

我国养鸭历史悠久，对我国乃至世界鸭种的繁育和改良都起到了积极的作

铜鸭　　　　　石鸭

野鸭

用。《周礼·夏宫》记载当时已有一专门掌管驯养"鹅鹜"和使它们繁息的官职，《战国策》中也有"君鹅鹜有余食"的记载，其中"鹜"即家鸭，说明春秋战国时期舍养鸭已经较为普遍。据《吴地记》记载，春秋时吴王所筑的"鸭城"，已是规模很大的养鸭场，开创了我国集群大规模饲养鸭的历史。

三国时期陶鸭笼

磨光黑陶鸭形尊

山西平陆西汉釉陶"池中望楼"

西汉时期，全国绝大部分地区都已有了家鸭的分布，西汉时期养鸭已是一项重要的家庭副业。在山西平陆汉墓出土的"池中望楼"工艺品中，最底层有十一只鸭在池中嬉戏，显示汉朝养鸭相当兴旺。隋唐时期，养鸭业也进一步发展，出现了以养鸭为生和大群放牧的饲养形式。这时养鸭逐渐从一家一户分散饲养走上专业化饲养道路，俗称"蓬鸭"。

宋朝养鸭业蓬勃发展，许多农户扩大养殖规模成为专业户。《尔雅翼》中记载："今江湖间人家养者千百为群"，《闲窗括异志》载："有杨四九者，以养鸭为生，数百为群"。明清时期我国劳动人民培育出很多优良家鸭品种，以产肉著称的北京鸭，以产卵著称的绍兴鸭、金定鸭、涟源鸭，肉蛋兼用的高邮鸭、建昌鸭、临武鸭，我国目前的大多数优良鸭品种主要在这一时期形成。

稻田养鸭是中国传统农业的精华，著名中国科技史专家李约瑟在

知识链接

稻鸭共作技术是一种种养复合、生态型的综合农业技术，稻和鸭构成一个相互依赖、共同生长的复合生态农业体系。稻鸭共作指在水稻栽后活棵至抽穗阶段将鸭子圈养在成片的水稻田中，稻和鸭共同生长发育。稻田为鸭子的生长提供食物、水域、遮阴等生活条件，养育鸭子；鸭子的活动为水稻生长除草、灭虫、施肥、促进生长、松土等，养护水稻。通过鸭子在物种、时空结构上的有机嵌合，形成了一个动态的多级食物链网络。

其《中国科学技术史》中盛赞稻田养鸭为"古代中国人民的特别有意义的发现""中国在生物防治技术上的独特贡献，即开发利用脊椎动物作为昆虫的防治力量"。明清时期用鸭防治稻田蝗蜞和蝗虫，明朝霍韬在《渭崖文集》中记载有："天下之鸭，惟广南为盛，以有鸭能啖蝗蜞，不能为农稻害也"。清朝汪志伊在《荒政辑要》治蝗记中说："（蝻）尚未解飞，鸭能食之。鸭群数百入稻畦中，顷刻尽，亦江南捕蝻一法也。""稻鸭共作"源于稻田养鸭，是稻田养鸭的继承与发展。

我国自古以来就重视鸭的畜养和培育，积累了丰富的饲养和繁育技术经验。两宋时，养鸭业进一步发展，相继创造出多种家鸭的人工孵化法。《尔雅翼》提到宋朝人工孵鸭蛋的方法，"则以牛矢沤而出之"，牛矢即牛粪，这是利用牛粪发酵生热来孵化。明清时期，人工孵化鸭卵技术有了更大的发展，主要表现在看胎施温技术的运用，根据鸭卵中胚胎发育情况而给予适宜孵化温度。清朝黄百家所撰的《哺记》中有"看胎施温技术"的具体记载："尽垒其室，穴壁一孔，以卵映之"，即在暗室壁上开孔，利用室外光照蛋；"十五日以前，内未生毛，必籍温于火，十五日以后，毛能自温，但转之覆之而已"，即观察胚胎发育的情况，并根据胚胎发育的程度施以相应温度。

清朝还出现一种在长途运输中孵化鸭雏的"嘌蛋"法，预先计算出孵雏时间及路程远近，将临近孵化的鸭蛋装在车船内，从一地运到另一地，采取保温、定时翻蛋等技术措施，让其在运输中孵化，待到达目的地时，鸭雏便破壳而出。"嘌蛋"法管理方便，雏鸭繁殖率高。此外，各地还因地制宜地创造出火焙、温汤、炒谷以及炕孵、缸孵等人工孵鸭技术，有些甚至沿用至今。

知识链接

古人有将饲养的家禽相互争斗以作娱乐的民俗，置鸭于栏内相斗是古代民俗之一。斗鸭活动萌芽于西汉初年，仅属显贵之间开展的贵族活动，《西京杂记》就有"鲁恭王好斗鸡鸭及鹅雁"的记载。发展于六朝，斗鸭习俗已不限于达官显贵。据《宋书·王僧达传》记载："（王僧达）坐属疾，于杨列桥观斗鸭，为有司所纠。"斗鸭鼎盛于李唐，李邕的《斗鸭赋》完整地描写了当时的斗鸭活动。盛唐张说《同赵侍御巴陵早春作》："水苔共绕留鸟石，花鸟争开斗鸭栏。"清楚地显示出当时的斗鸭活动已经从长江下游（今江苏省一带）扩大到长江中游（今湖南省岳阳市一带）。

最大的水禽鹅

家鹅作为家禽中的大型水禽，善食草，适于水乡和丘陵等地区放牧饲养，肉、羽有很高的经济价值。从古至今中国人民就有养鹅、爱鹅、食鹅的习惯，据《本草纲目》记载，鹅，"江淮以南多畜之，有苍白二色及大而垂胡者"。鹅生长快，一般体长约 60~80 厘米，体重 4~15 千克。鹅的外形硕大，晋朝沈充《鹅赋》序说："绿眼黄喙，家家有焉；太康中，得大苍鹅，从喙至足，四尺有九寸，体色丰丽，鸣声惊人。"头颈长，前额有肉瘤，嘴扁而阔；体躯宽壮，龙骨长，胸部丰满。腿高而尾短，脚趾间有蹼使之善游泳，常为黄色或黑褐色；羽毛呈白色或灰色，产绒以白鹅为最好，可制作羽绒被服。

我国是家鹅驯化最早的国家，由野鹅驯化而来，野鹅即今天的鸿雁与灰雁。灰雁是欧洲鹅的起源品种，体躯硕大，颈部粗短、躯平，头部无肉瘤。中国鹅起源于鸿雁，外形呈斜方形，颈长，喙基部上端有明显的肉瘤。自古认为雁和鹅之间存在亲缘关系，民间至今仍有雁鹅之称。在郭璞为《尔雅》所作的注中，就有"野曰雁，家曰鹅"。中国鹅是我国鹅的主要品种，是世界最古老的鹅品种之一，被引至许多国家并用以改良其他品种；伊犁鹅是我国来源于灰雁的唯一品种，是新疆伊犁哈萨克自治州少数民族直接驯养当地野雁而成的品种。

我国是世界上养鹅最早的国家之一，驯化历史悠久，中国鹅的起源距今已有 3000 多年的历史。我国河南省安阳市的殷墟文化遗址中，出土的墓葬品中就有公元前 12 世纪的玉鹅，可见 3000 多年前家鹅已是皇室贡品了。玉鹅的长颈弯曲，眼圆嘴扁。在漫长的养鹅

知识链接

中国是世界上养鹅数量最多、品种资源最为丰富的国家之一，我国鹅的现有品种 27 个，其中 6 个列入国家级保护名录。从体型大小可分为大、中、小三型，从羽毛颜色分白色、灰色两大系列。中国鹅遍布全国各地，品种丰富多样，适应性和生产性能各不相同。东北有以产蛋著称的籽鹅、豁眼鹅，西北边陲新疆有适应高原寒冷气候的伊犁鹅，东南广东湛江沿海有体大肉肥的狮头鹅，西部西南成都、重庆一带有生长快、产蛋多的四川白鹅，湖南的溆浦鹅产肝性能良好，江苏有肉质好、产蛋多的太湖鹅，浙江、安庆一带有一年四季均产蛋的浙东白鹅和耐粗饲的安徽雁鹅、皖西小白鹅，民众又称"四季鹅"等。

知识链接

　　大雁除了是家鹅的驯化来源品种，对于中国人来说还有丰富的文化内涵。《仪礼·士昏礼》载："纳采纳吉，请期皆用鹅。"《仪礼·士相见礼》规定："下大夫相见以雁。"雁在人们心目中具有重要地位，是一夫一妻制的忠贞典范，而且雌雄共同参与雏鸟的养育。雁是候鸟，有迁徙的特点，自古以来是人们寄托思乡情的鸟类。既有"鸿雁传书""雁逝鱼沉""雁帛"等衍生词，还有"举头忽见衡阳雁，千声万字情何限"（李白《菩萨蛮》）、"初闻征雁已无蝉，百尺楼高水接天"（李商隐《霜月》）、"云中谁寄锦书来，雁字回时，月满西楼"（李清照《一剪梅》）等借雁寄情的名句。

鸿雁

　　实践过程中，勤劳智慧的中国人民不断总结经验，积累了一套行之有效的传统养鹅技术。鹅在我国的养殖历史可以追溯到殷商时期，那时的鹅是用来上贡皇室的贡品。

　　各地自然生态条件复杂多样，不同时期的经济文化背景不同，对鹅的选择和利用目的也不同，逐步形成了具有不同遗传特性和生产性能的地方品种。我国家鹅的驯化早在新石器时代就已开始，距今约 6000 年前，今辽东半岛黄海沿岸的古代东夷人就已驯雁成鹅。在辽宁东港马家店镇三家子村后洼遗址，发现了新石器时代的石鹅，石鹅与家鹅极其相似。从历代出土的鹅文物可以说明，随着民族的迁徙和融合，北方驯养的鹅直到西周时才在长江以南传播，以后逐渐将鹅播散到全中国。我国至迟在春秋时已有鹅，《管子·菁茅谋》

知识链接

　　我国的鹅早被国外引种。据日本古籍记载，距今 1500 年前雄略天皇就从中国引进了"唐鹅"。美国早在 1788 年就引进了中国鹅并于 1874 年承认其为标准品种。达尔文在《物种起源》中，记有欧洲人利用中国鹅和本地鹅杂交，以及印度各地大量繁殖和成群饲养这种杂交鹅的情况。

殷墟5号墓出土的玉鹅

就说"鹅鹜含馀秼"。到西汉时，鹅就作为商品出现于市集中，西汉王褒《僮约》说到"牵犬贩鹅"。

我国劳动人民在对鹅的长期驯养实践中，积累了丰富的饲养和繁育技术经验，为我国及世界家禽业的发展做出了很大贡献。

春秋战国时期，在长江下游的吴越地区就已出现家鹅的人工饲养，家鹅饲养业尤其发达，出现了不少大型的养鹅场。世界上有关养鹅的最早文字记载出现在春秋战国时期的《管子》一书中，"鹅舍余写有秼"描述的就是当时人们用多余粮食养鹅的情景。

早在北魏时期，综合性农书《齐民要术》在鹅的饲养管理、繁殖配种和孵化技术等方面均有较为完善的记载，全面总结了鹅的选种、孵化、饲料、种用年限、适宜的屠宰期等养殖技术，反映出当时我国的养鹅技术已有了很高的水平。

唐朝诗人姚合的《扬州春词》发出了"有地惟栽竹，无家不养鹅"的赞叹诗句，表明江南地区养鹅之普通。至唐宋时，我国劳动人民对家鹅的选种繁育已经有了理性的认识，能够鉴别其优劣和强弱。要求为"首方目圆，胸宽身长，翅束羽整，喙齐声远者良"。在繁殖配种中通过细心观察和长期实践，认识到鹅的雌雄比例采用 3:1 为最优。

宋元时期，为了促进家禽快速生长，达到肉用的要求，创造了一种栈禽肥育技术。《居家必用事类全集·丁集》记载有鹅的栈肥法，方法主要是多喂精料，减少运动，以促进其脂肪积累，从而达到快速育肥的目的。"以稻子不计，煮熟，先用砖盖成小屋，放鹅在内，勿令转侧，门以木棒签定，只令出头吃食，日喂三四次，夜多与食，勿令住口。如此五日必肥，如稻子、小麦、大麦，皆要煮熟喂之。"

雁鹅

汉朝鹅形宫灯

《红蓼白鹅图》

知识链接

因为鹅的骄傲、神气、忠贞，使鹅自古就备受人们的喜爱。唐朝骆宾王喜鹅，他以一个七岁儿童的眼光来看鹅游水嬉戏的神态，写了这首中国人咿咿学语的启蒙诗——《咏鹅》，"鹅、鹅、鹅，曲项向天歌，白毛浮绿水，红掌拨清波。"王羲之是历史上喜爱鹅的人中最著名的一位，有羲之书《黄庭经》向道士换鹅的故事和观音菩萨化身老妇用鹅欺骗王

咏　鹅

骆宾王

é　　é　　é

鹅　鹅　鹅，

qū　xiàng　xiàng　tiān　gē

曲　项　向　天　歌。

bái　máo　fú　lù　shuǐ

白　毛　浮　绿　水，

hóng　zhǎng　bō　qīng　bō

红　掌　拨　清　波。

羲之写"大雄宝殿"额的传说。王羲之爱鹅，他居住的兰亭边建有养鹅池，池边的碑亭上刻着笔力雄浑遒劲的"鹅池"，后人将其与"陶渊明爱菊、周敦颐爱莲、林和靖爱鹤"并称为"四爱"。丰子恺写鹅，在他《白鹅》一文中就描写了这样一只可爱的鹅：骄傲、从容、会看家、富有生气、利于生活。

宋朝时，劳动人民为使家鹅多产蛋，还采用人工强制换羽控制产卵时间的技术。根据赵希鹄的《调燮类编·鸟兽》卷四载："鹅……五、六月生卵，热不可抱，拔去两翅十二翮，以停之，积卵腹中，候八月乃下。"

明清时期相禽术全面发展，清朝张宗法的《三农纪》论及的相鹅法可谓简明扼要、一目了然。相鹅的基本要求是：头方，目圆，胸宽，身长，翅束，羽毛整齐，喙齐，声大。明朝的李时珍在《本草纲目》中对鹅产品的药用价值做了详尽的说明。清朝在鹅的烹调上已颇为讲究，如"糟鹅掌""松瓤鹅油卷""胭脂鹅脯"等已成为《红楼梦》中描述的美味佳肴。

4 农器农具：
生产力发展的主要标志

从人类发展历史来看，农业文明的进步和农器的发展紧密相连。我国具有悠久的农业文明发展史，各个历史时期对农业和农器具的创造、发明都非常重视。传统农具是中国农业历史发展过程中的产物，是农业物质文化的重要组成部分。我国农具经历了一个不断丰富发展的过程，在材质上，由木石发展为青铜，再进而发展为铁制。在功能上，从原始的掘挖、脱粒发展为整地、播种、中耕、灌溉、收获、加工及收藏等多种农具。在动力上，由人力发展为畜力、水力，由简单发展为复杂。我国各族人民在农器具的创造和发明中取得了非凡的成就，在农业发展中使农法和农器的改进、土地生产率及劳动生产率的提高保持同步。生产工具的进步是生产力发展的一个主要标志，许多农器灵便精巧，能节约劳力物资，加快耕种速度，提高耕作效率。我国古代农器门类齐全，扩大了可耕作面积，适应了南北旱地与水田不同耕作方式的农业生产特点，提高了粮食产量。

耕地农具——提高耕作效率的利器

耕地农具是用于耕翻土地、破碎土垡、平整田地等作业的农具。我国是世界上耕地农具出现最早的国家之一，经历了从耒耜到犁，至铁犁出现的发展过程，并和牛耕技术的结合形成了先进的社会生产力，对我国农业和社会经济的发展有着十分重大的意义。

北方在农田耕种时，创造出一套耕、耙、

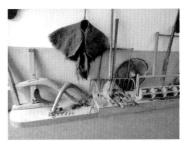

耕地农具

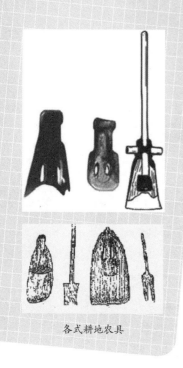

各式耕地农具

耱等旱地精耕细作技术体系，并创制了一批抗旱保墒耕作器具和技术，这套技术体系在秦汉至南北朝时期就已基本定型，北方主要耕地工具有直辕犁、耙、耱等。在南方，一套适宜水田耕作的曲辕犁、水田耙和耖等农具相继被创造出来，并以此形成了以耕、耙、耖为中心的水田精耕细作技术体系，南方主要耕地工具有曲辕犁、水田耙、耖等。在农业生产中，犁地翻土的器具最为重要。掘棒、耕锄、耕犁，都是耕地的农具，这三种耕地农具中，耕犁最先进。

耒耜是古代一种像犁的翻土农具，是新石器时代我国黄河中下游地区的主要农具。在我国古代神话传说中，神农氏制耒耜，种五谷，奠定了农工基础。耒耜的使用和种五谷，解决了民以食为天的大事，促进了农业生产的发展，为人类由原始游牧生活向农耕文明转化创造了条件。

　　包牺氏没，神农氏作。斫木为耜，揉木为耒，耒耜之利，以教天下，盖取诸益。——《易经·系辞下》

　　昔神农作耒耜以教天下，后世因之；佃作之器虽多，皆以耒耜为始。——元朝王祯《农书》

耒耜随着材质的变化而演变，由木制到金制，入土的前端部分为金属；由平首到空首，端部金属刃片缚在木柄上面，平片改成空槽，把木柄头插进里面。耒是耜上的弯木柄，《说文》就说："耒，手耕曲木也，从木推手。"耒耜的柄是弯曲的，除了可以减少人的疲劳之外，也是为了使前端入土部分向与地表平行的方向转变，这样即演变出"犁"。用耒耜耕地的方法是利用杠杆原理，手握耜柄，足踏耜冠，耜冠刺入土中，拉动耜柄，翻起一块土垡，向后退一步，依次而耕，耕完一行，再起一行。

古代最先进的耕地农具是中国犁，中国犁由耒耜发展演变而成。用牛牵拉耒耜以后，才渐渐使犁与耒耜分开，有了"犁"的专名。

最早的犁主要是一根粗而坚实的木棒，前端斫为尖刃状，或者再装上质地坚硬的石、贝类的犁头，再加上一根拖杆作为犁辕，就大致有了犁的雏形。早期的犁，形制简陋。犁大约出现于商朝，春秋时期犁的使用就逐渐普遍起来。战国时期，开始用牛拉犁耕田，铁犁的出现使牛耕技术发生了质的飞跃。因为铁犁锋利而坚固，既便于深耕、快耕，又很耐用，且造价低廉，较易推广。

犁在汉朝已经基本定型，西汉出现了直辕犁，只有犁头和扶手。新型的耕地工具犁出现之后，牛耕逐渐普遍，克服了耦耕的缺点，改人拉为牛拉，牲口耕地不仅可以耕地较深，而且使人从耕田的劳作中解放出来。

汉朝以后，铁口农具逐渐变成了全铁制的犁铧，而且还装上了翻土的犁镜（犁铧壁）装置，增加了破土和翻土能力。汉朝耕犁呈方架形，木制部件有犁床、犁箭、犁辕、犁梢、犁衡等；铁质部件有犁铧、犁壁。犁壁分为马鞍形、菱形、瓦形和缺角方形四种类型，马鞍形犁壁向两边翻土，而菱形、瓦形和缺角方形犁壁只能向一边翻土。

知识链接

战国时期在木犁铧上套上了"V"型铁刃,俗称铁口犁。铁铧装在犁床的前端，犁架变小，轻便灵活，更可以调节深浅，大大提高了耕作效率。战国时期的铁犁铧，最先出土于河南省辉县市固围村的魏墓中。铧呈"V"型，边长17.9厘米，侧宽4厘米，两边夹角为120°。铁犁铧造型合乎科学原理，破土时可以减少阻力，解决了石犁容易破损的问题。后来，在河北邯郸赵故城、武安午汲赵城和河北易县燕下都相继发现了"V"型铁犁铧。几乎与铁器推广的同时，牛耕开始流行。铁口犁与牛耕相结合，是耕作技术上的一次重要改革。

中国犁——犁键

铁口犁

曲面犁壁引导犁铧破开的土垡逐渐上移，进而使其碎断，翻过来暴晒，这样既可以疏松土壤，又可以杀灭害虫。与战国以来沿用的"V"型铁犁铧相比要进步得多，它把犁地和起垄两道工序缩短为

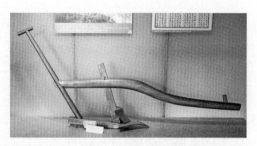

铁铧及铧土
1967年陕西咸阳窑店出土

清朝皇帝亲耕木犁

一次完成，大大提高了耕作效率。

魏晋南北朝时期，北方已经使用犁、耙、耱进行旱地配套耕作，以耕—耙—耱为体系的精耕细作技术越来越成熟。农业生产已经全面进入牛拉犁耕的阶段，直辕犁结构已经相当完善，应用亦更加广泛。直辕犁有双辕和单辕之分，基本上是二牛抬扛式，特别适合在平原地区使用，能保证田地犁得平直，比较容易驾驭，效率也较高。

至隋唐时期，犁的构造有较大的改进，出现了曲辕犁。曲辕犁是隋唐时期农具改进的突出成就，也是我国耕犁发展史上的重要里程碑。唐朝的曲辕犁亦称江东犁，曲辕犁的出现和南方水田耕作密不可分。唐人所谓的"江东"就是江南，南方水田和北方旱地比较起来，面积都比较小，耕作时经常要拐弯，这就要求犁比较轻便和灵活，所以耕犁改革首先发生在江东。曲辕犁的发明，在中国传统农具史上掀开了新的一页，它标志着中国耕犁的发展进入了一个成熟的阶段。我国的传统耕犁发展至此，在结构上便基本定型，曲辕犁就成为中国耕犁的主流犁型。

宋元时期的耕犁在唐朝曲辕犁的基础上，加以改进和完善，使犁辕缩短、弯曲，减少策额、压镵等部件，犁身结构更加轻巧，使用灵活，耕作效率也更高。明清时期，耕犁已没有发生太大的变化。只是到清朝晚期由于冶铁业的进一步发展，有些耕犁改用铁辕，省去犁箭，在犁梢中部挖孔槽，用木楔来固定铁辕和调节深浅，使犁身结构简化而又不影响耕地功效，也使耕犁更加坚固耐用，既延长了使用寿命，又节约了生产成本。

整地农具——创造良好的土壤条件

土壤耕作是作物栽培的基础，农业生产从整地开始。农业生产工具也是从整地开始产生和发展起来的，一般包括破土、碎垡、平整、作垄等环节，整地各环节一般都具有相应的农具和农具使用方法。碎土和平整农具最早有耰（椎），以后有挞、劳（耱）、耙、碌碡等。耕整地质量的好坏对作物收成有着显著的影响，整地的目的在于给播种后的种子发芽、生长创造良好的土壤条件。

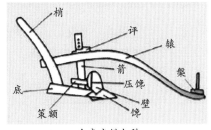

皇帝亲耕木犁

整地农具与耕地农具相伴发展，耒和耜既是最古老的整地农具也是最古老的耕地农具。耒耜的使用年代相当长久，最远在距今 6000—7000 年前的仰韶文化时期已出现直尖耒，距今 5000 年左右的龙山文化时期出现双齿耒、斜尖曲柄耒。耒耜是炎帝神农氏创制，神农氏"斫木为耜，揉木为耒"。耒是耒耜的柄，耜是耒耜下端起土的部分。《说文》有"耒，手耕曲木也"的释义，也就是说耒是耜上的木曲柄。耒由在尖头木棒的下部加一横木构成，以便用力起土。耜则是在耒的基础上，加上扁平刃板（耜冠）而成的铲形农具。韦昭《国语》注就有"入土曰耜，耜柄曰耒"，用耜铲翻并拍碎。耒耜是手推足蹴的直插间歇式的翻土农具，在尚未普遍使用耕犁以前，主要耕具是耒耜，耒耜发展演变而成犁。

耒耜和犁的作用在于取土，取土之后还需要碎土，整地农具用于耕后破碎土块。魏晋时期，北方开始使用犁、耙、耱进行旱地配套耕作整地体系。强调耙、耱就是把土块弄碎，在地面形成一层松软的土层，切断土中的毛细管，尽可能地减少水分蒸发，起保墒防旱的目的。宋元时期，南方形成犁、耙、耖的水田耕作整地体系。

翻耕后的土地，经过数天的灌水浸泡，接着运用耙反复滚压泥块，将泥土打碎为泥浆，整平田块，播种省时省力，也便于后续的肥水管理。

先秦时期称碎土与平整耕地这道工序作"耰"或"耨"。秦汉时期的"耰"，是手执的木器。耰作为古代的一种碎土农具，商周时期便有，春秋战国时期广泛使用。古人说"耰"，今人叫木榔头或木槌。耰是槌块农器。晋灼《汉书音义》说："耰，椎块椎也。"《吕氏春秋》也说："耰，椎也。"耰的主要作用是敲碎土块、平整土地。《汉语大词典》的解释是："农具名。状如槌，用以击碎土块，平整土地和覆种。"耰作为农具，广泛使用于黄河流域干旱地区。旱地耕后易结成坚块，要敲碎才好种植。《管子》云："一农之事，必有……一椎一铚，然后成为农。"农民种地必须有一把木槌、一把镰刀。《汉书·吾丘寿王传》："民以耰鉏箠梃相挞击。"明朝徐光启的《农政全书》："櫌（'耰'的异体字），槌块器……今田家所制无齿耙，首如木椎，柄长四尺，可以平田畴，击块壤，又谓木斫。即此耰也。"秦汉以后，大面积碎土主要用耙。

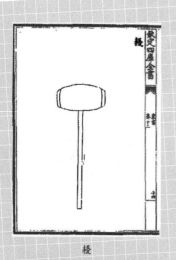

耰

耙

耙通常在犁耕后，平整表土。用耙碎土平地，在播种前或早春保墒时进行，有疏松土壤、保蓄水分、提高土温等作用。秦汉以后，耙（杷）成为主要碎土农具，有人力和畜力两类。人力耙出现于战国到秦汉时期，依材料有竹木和铁齿之分。竹齿耙主要用于打场，"推引聚禾谷"。铁齿耙，又名铁搭，主要用于翻土和碎土。翻地时，手握木耙的一端，把耙举过头先往后，再往前甩，铁齿借着甩劲插入泥土，然后向后拉耙，把土翻松。畜力耙由铁齿耙发展而来，主要用于耕后碎土和平整地面。畜力耙的出现标志北方旱地抗旱保墒耕作技术体系的形成，同时也为南方水田耕作技术体系的形成奠定了基础。

耕耙之后，还需平整土地。于是北方出现了

耱，而南方出现了耖。耱有些地方也称作耢或盖。耱是将土地表层碾磨成粉末，是用手指粗细的树枝条等编成的一种平整土地的农具。"耱"从先秦农具"耰"发展而来，耰为手工碎土农具，而耢则是畜力拖动以磨碎、磨平土块的农具。耢一般没有齿，用柳条或树枝等编成，用牛牵引。使用时把耱平放在翻耕过的田地上，由牲畜拉着前进，操作者站立其上，或者用石块放在上面，以增大对土面的压力。耱至少在汉朝已经出现，魏晋南北朝使用耱比较普及，宋元时期在黄河流域更为普及。用来平整翻耕后的土地，使土粒更酥碎些，有时也用来保墒。

耢

耖

耖图

　　耖在魏晋南北朝时期就已出现，明清时期更为普及。耖为水田整地农具，用于耙后平整田面、耖细泥土、拌匀肥料等。元朝王祯在《农书·农器图谱》载："高可三尺许，广可四尺。上有横柄，下有列齿，以两手按之，前用畜力挽行。耕耙而后用此，泥壤始熟矣。"耖为木制，圆柱脊，平排九个直列尖齿，两端一二齿间，插木条系畜力挽用牛轭，二三齿间安横柄扶手，是用畜力挽行疏通田泥。其他还有平板、刮板和田荡等农具，和耱、耖等功用相同，都具有平整田面的功效。

播种农具——播撒田野丰收的希望

　　播种是作物栽培措施之一，播种适当与否直接影响作物的生长发育和产量。凡是农业耕种，无论其水平高低，都要把种子播种于地下，也都需要一定的播种工具。播种就是将播种材料按一定数量和方式，适时播入一定深度土层中的作业。播种农具是以作物种子为播种对象的种植机械，按播种方法可分为撒播机、条播机和穴播机。

　　耧是古代播种用的农具，也是现代播种机的前身。由牲畜牵引，最早的播种农具为点种木棒，点种棒是我国最原始的播种农具，点种棒的出现是在农耕之前，原始农人用一尖头木棒在地上打上一眼，进行点播，这个尖头木棒便是最早的播种农具。云南晋宁石寨山遗址出土的青铜器腰部花纹图像，其中的《播种图》表现有"肩舆后有男子二人，前者执杖"的图景。其中的杖就是木制的点种棒，图像显示，杖上粗下细，下端呈尖锥状。新中国成立前，云南布朗族、景颇族、怒族、基诺族等少数民族普遍使用这种形状的点种棒。用一根长约一米的较直树木，略加修治，有的尖端加铁套。农人站立使用，锥地成眼，再点进苞谷种子或其他作物种子。

后面有人把扶，可以同时完成开沟和下种两项工作。公元前1世纪，中国已推广使用耧，这是世界上最早的条播机，至今仍在北方山地旱作区广泛应用。耧车是我国最早使用的播种工具，发明于东汉武帝刘秀时期，宋元时期北方普遍使用。耧车的出现与分行栽培是分不开的，原始农业时期，人们采用点播和撒播的方式，将种子种在地里，这样长出来的庄稼就像是满天的星斗。战国时期，人们已经认识到分行栽培有利于作物的快速生长。对于行距和株距都有严格的规定，在播种时要求做到横纵成行，以保证田间通风。耧车的出现为分行栽培提供了有利的工具，它能够保证行距、株距始终如一。耧车是汉武帝时期发明的一种畜力条播器，一人在前面牵牛拉着耧车，一人在后面手扶耧车播种，一天就能播种一顷（约6.67公顷）地，大大提高了播种效率。播种耧车可播大麦、小麦、大豆、高粱等，能够起到保墒、保活、保苗的良好效果。耧车的出现有利于提高农业生产功效，对当时发展农业生产起了很大推动作用。

汉武帝时期，赵过被任命为主管农业生产的搜粟都尉。为了适应我国北方旱地作物的耕作方法，达到"用力少而得谷多"的增产效果，赵过上任后，根据民众的经验创立了"代田法"，取代落后的"缦田法"。但在推行"代田法"的过程中遇到一个问题，由于没有与牛力相配套的农具，"代田法"的效率并不高，于是积极寻求农器具改良，找到了一种适用于代田等行距条播的播种机。赵过在已有的一腿或两腿简单耧车基础上，经过精心研究设计，创制了三腿耧车，效率可以达到"日种一顷"。三腿耧车发明后，最先使用于长安附近的关中平原，后来推广到边远地区。西汉时三腿耧车的普遍使用，创造了比较发达的农业，以此增强了国力。

使用耧车播种前，要根据种子的种类、籽粒的大小、土壤的干湿等情况，调节好耧斗开口的闸板，使流出的种子量与行进过程中所需的播种量一致。播种时，一人在前牵引着耧辕的牲畜前进，另一人在后控制耧柄高低来调节耧脚入土的深浅，同时摇动耧柄，使种子均匀地从耧腿下方播入所开的沟内。在耧后边的木框上，用两根绳子横向拖拉着一根方形木头，横放在播种的垅上，能在耧车前进时把犁出的土刮入沟内，自动把土耙平，使种子及时得到覆盖。这样耧车一次就能完成开沟、下种、覆盖等三道工序，大大提高了播种效率和质量。

北方旱地播种后，为了有利于种子发芽生长，还需进行覆盖和压实使种子和土紧密地附在一起，复种工具就是用于播种之后起覆盖和压实作用的一种工具。从秦汉开始，出现了一种新的覆盖工具——木挞。木挞由方木做成，耱田和复种兼用。嘉峪关晋墓壁画中的牛耕图表现了两组从犁到种、覆盖和压实的操作图。在前室南壁两侧的屯垦图中，绘有一人扶犁扬鞭催牛耕田，一人扬鞭驱牛耙田，还有的直接蹲在耙上。而在另一幅犁播图中，绘出了犁、种、盖的全部过程。前面二人耕田，中间两妇女撒种，最后是二人驱挞覆盖。晚唐至宋元时期，出现了更新的盖压工具——砘车。王祯《农书》中介绍说："砘车，石硪也。以木轴架硪为轮，故名砘车。……凿石为圆，径可尺许，窍其中以受机栝，畜力挽之。随耧种所过沟垅碾之，

知识链接

耧车的基本结构由种子箱、排种箱、输种管、开沟器、机架和牵引装置组成。耧车下端有三个中空的耧脚，即三个开沟器，后部中间是空的。耧脚下面装着开沟用的小铁铧，小铁铧用来开沟，两脚之间的距离是一垅。耧脚上端和种子槽相通，种子槽下部有一个长方形的开口和前面的耧斗相通。耧斗的后部下方有一个开口，活装着一块闸板，用楔子管紧。为了防止种子在开口处阻塞，在耧柄的一个支柱上悬挂一根竹签，竹签前端伸入耧斗下部系牢，中间缚上一块铁块。耧两边有两辕，相距可容一牛，后面有耧柄。

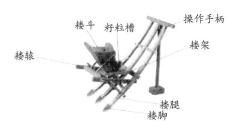

耧车结构图

播种图

魏晋墓壁画牛耕图

使种土相著，易为生发。"在介绍挞时又说："今人耧种后，唯用砖车碾之。"砖车在我国沿用了 1000 多年，现今在北方广大旱田地区仍然使用。

灌溉农具——旱涝保收的有效保障

　　水利是农业的命脉，农业生产离不开灌溉，因此灌溉农具在传统农业生产中具有十分重要的地位。平原地带农田依靠水流就能完成农作物的自流灌溉，而在丘陵高地就需要利用人力物力才能实现对田地的有效灌溉。我国古代劳动人民总结生产实践经验，因地制宜，发明了适合各地自然条件的农业灌溉机械。最初的浇灌工具是瓮、缶、罐之类的陶质器具，后来发明了多种灌溉农具，主要有戽斗、桔槔、辘轳、水车、筒车等。

　　戽斗是最早的灌溉农具，是一种取水灌田用的旧式汉族农具。徐光启《农政全书》卷十七载：

　　　　戽斗，挹水器也……凡水岸稍下，不容置车，当旱之际，乃用戽斗。控以双绳，两人挈之，抒水上岸，以溉田稼。其斗或柳筲，或木罂，从所便也。

　　戽斗是我国非常古老的灌溉农具，全靠人力操纵。戽斗常用竹篾、藤条等编成，略似斗，两侧各系两根长绳。使用时，在水边（蓄有水的堰塘、水沟等）挖个口子，并在所需水的田边靠近水源的地方用泥巴造一个凼子（指池塘），防止水回流到原处。戽水时，两人相对站立，弯腰，前腿弯曲，胳膊伸直，身体向前倾。拉绳将其左右摆荡，可将低处水舀起。然后，手腿迅速一并用力，将戽斗甩向高处，戽水撒到凼子，完成农田灌溉。在需水量不是很多的情况下，用戽斗戽水比较方便。

桔槔是一种原始的汲水工具，俗称"吊杆""秤杆"，是一种利用杠杆原理的取水机械。古代劳动人民在生产实践中逐渐认识到，要进行低处取水，不但要加高支点的高度，还需要使杠杆能够在水平方向有一定角度的旋转，这样取水装置既能上下移动还能左右摆动。桔槔巧妙利用杠杆原理，将一根长杆在中间位置横挂在一个竖立的支架上，长杆一端挂上取水容器，另一端悬挂上一块重石。不取水时，由于悬挂大石块一端较重，所以位置较低。取水时，用力将容器一端压到水中，待水盛满下拉石块，就能轻松地把水提到所需的位置，送水进行田地灌溉。利用桔槔取水的过程主要是将取水时向上提的力变成利用体重向下压，大大减少了疲劳感。桔槔虽然简单却大大地降低了取水时的劳动强度，是我国古代主要的灌溉工具之一。

辘轳流行于北方地区，是广泛应用于农田灌溉的又一种提水工具。辘轳是一种利用轮轴和杠杆原理相结合的复合工具，主要由辘轳头、支架、井绳、水斗等部分构成。辘轳便于深井汲水且不受地域地形限制，井上竖立支架。主要部件是一根短的圆木，下面有木架做支撑，短圆木可以绕中心轴转动。圆木上绕有绳索，绳索的一

戽斗　　　　　　　桔槔取水图　　　　　　辘轳

端固定，另一端悬挂汲水容器。汲水时转动圆木松放绳索，将容器下探到水中，水满后反向转动圆木将绳索重新缠绕到圆木上，就可以把水轻松地提上来。辘轳手摇把的半径大于圆木的半径，相同力矩，所以手承受的力小于水桶重力。辘轳头上嵌有杨柳木制的摇把，把弯，呈一定角度。水斗为白柳条编制，遇水膨胀，有韧性、耐磨、耐磕碰，上有两三个环，与绳连接。辘轳汲水时随着绳索的一放一收，使水桶一起一落，完成深井取水，满足农田灌溉对水资源的进一步需求，标志着人类利用地下水进入新的阶段。

元朝《王祯农书》说：

> 今农家用之溉田。其车之制。除压栏木及列槛桩外。车身用板作槽。长可二丈。阔则不等。或四寸至七寸，高约一尺。槽中架行道板一条，随槽阔狭，比槽板两头俱短一尺，用置大小轮轴。同行道板上下通周，以龙骨板系其在上。大轴两端，各带拐木四茎，置于岸上木架之间。人凭架上，踏动拐木，则龙骨板随转循环行板，刮水上岸。此翻车之制，关键颇多，必用木匠可易成造。其起水之法，若岸高三丈有余，可用三车，中间小池，倒水上之。足救三丈已上高旱之田。凡临水地段，皆可置用。但田高则多费人力。如数家相助，计日趋工，俱可济旱。水具中机械巧捷，惟此为最。

水车

水车是我国古代使用最广泛、效用最好的农业灌溉农具，高地提水，低田排水，通过木制链轮传动的原理将水上提的一种重要抗旱排涝机械。水车的称谓五花八门，翻车、龙骨车、踏车等不一而足。"翻车"之名在古籍中出现最早，后来往往泛称为水车，其俗名"龙骨车"则一直使用到现代。由于主要靠脚踏转动，所以又叫"踏车""踏沟车""踏水车"，这一名称宋元以后使用尤为普遍。除脚踏翻车外，还有手摇翻车称"拔车"，牛转翻车称"牛车"等。据史书记载，翻车是汉朝晚期的毕岚发明制作的，至三国时马钧制作的翻车才真正用于园圃灌溉。由于翻车效率高，深受人们欢迎，因此被广泛推广使用。至唐朝，翻车已经发展到手摇、脚踏、牛转等数种，成为农村最重要的灌溉农具。到了宋朝，出现了两人、四人甚至七人踩踏的脚踏翻车。

水车的车身是长形的木槽，长约 6.67 米，宽 13.33 厘米或 23.33 厘米，高约 33.33 厘米。槽中架有一条行道板，两端比槽板各短 33.33 厘米。行道板上下通周有用木销子连接起来的龙骨板叶，形成与链轮连接的板链。木板槽的上下部各安装一个转动轮轴，轴心平行，上面为大轮轴、主动轮，下面为小轮轴、从动轮。装有小齿轮的一头置于水中，装有大齿轮的另一头靠在岸上，大齿轮连接着的大轴两旁有拐木，人们踩动或摇动拐木，大轴即带动齿轮和板链围绕行道板上下循环运动。水通过一系列行道板，不断地被引向高处。一般安装在河边，采用人力脚踏为动力，后来出现了利用畜力、风力、水力等转动的各种翻车。于是低处水就能浇灌高处的田地，也可以用来排除田间的积水。由于连续不断作业，因此效率很高。

拔车

筒车

水车自发明以来，从单纯依靠人力运转到利用自然水力、动物力量作为驱动，将人从水车脚踏板上解放出来。与此同时，水车在机械制造方面亦因轴、轮等部件的改进发展，增添了诸多的性能，即便遇到水量不甚丰沛之时，或者地势较为陡峻之时，也能对之巧妙使用，避免地形制约，实现低水高送。无论是北方的旱作农业还是南方的精耕细作，水车对农业经济生产都起到了推进的作用，也促进了农业文明的发展。

筒车是一种以水流作动力取水灌田的工具，亦称"水转筒车"。筒车是水车的另一种形式，是水车的变形体，一种利用水流冲击水轮转动的农业灌溉机械。筒车发明于隋而盛于唐，距今已有 1000 多年的历史。筒车一般要安装在有流水的河边，且挖有地槽，被引入地槽的急流推动水轮不停转动，从而将地槽里的水通过水轮上的木筒或竹筒提升到高处，最终流进农田进行灌溉。筒车整体构造并不繁琐，由立轮、汲水器、水槽三部分组成，作为汲水器的木筒或竹筒在立轮上呈中心对称状均布排列。工作原理并不复杂：在水流较急的岸旁打下两个硬桩，将大圆轮的轴放在桩叉上，调整好适当的高度和位置，使得轮的上半部高出堤岸，下半部浸在水里；利用水流作动力冲击轮子的受水板，带动轮子受力转动，缚在大轮上的小水筒在轮子转至轮底时灌水，转过轮顶时，则筒口自然向下倾斜，恰好将水倒入槽中，沿水槽流向田间。如此往复，循环提水。筒车本身的效率很低，但无须供给动力。筒车靠激流冲击来实现自动运转，使用受到一定地形的限制。

收获农具——颗粒归仓的重要保证

农业的历史是从农具开始的，最早的收获农具在采集经济和原始农业的初期即已出现。人们是用双手来摘取野生谷物，之后逐渐使用石片、蚌壳等锐利器物来割取谷物穗茎，并逐渐把这些石片、蚌壳加工成有固定形状的石刀和蚌刀。收获工具包括收割、脱粒、清选用具，收割用具包括收割禾穗的掐刀、收割茎秆的镰刀、短镢等，脱粒工具在南北方分别以稻桶和碌碡为主，清选工具主要有簸箕、木扬锨、风扇车等。收割工具作为农业生产中的一类工具，我国历代都不断创新、改造，为人类农业文明进步做出了贡献。

镰刀是一种切割工具，是农民收获庄稼的主要器具。镰是镰刀的简称，古时称为铚、艾等。铚在古书里被称为短柄的镰，特点是身小、尾部没有銎，主要用来割取谷物的穗头。艾即带柄的镰刀，尾部装有柄，使用时按木柄方向前伸拌禾秆后，用力向后拉即可，主要用来收割谷物的秸秆。镰刀用以收割稻麦，由刀片和木把构成，呈月牙状，刀口上带有斜细小锯齿，尾端装木柄。

新石器时代，早期农业生产在收获庄稼时只割取禾穗，用刀把秸秆上的穗截下。收获禾穗的工具以陶刀、石刀、蚌刀为主，也就是早期形态的铚。主要形状有矩形、梯形、半月形。早期的铚，不穿孔，在左右两侧开缺口，便于手握使用。随着生产的发展，在铚上穿孔系绳，最初穿一个孔，系竖绳套，后来穿两个孔，于两孔中间系一绳套，从而较一孔的竖绳套更便于拇指伸入。农业生产进一步发展后，在收获庄稼时需要把禾穗连同秸秆一并收割，用装上木柄连秸秆一块收割的刀比铚长些，也就是最初的镰。河南新郑裴李岗遗址发现距今约8000年的石镰，制作相当精致。除了石镰，人们还利用蚌壳制作蚌镰。蚌镰取材容易，加工方便，锯齿锋利。

收获禾穗的刀具

最初的镰都是石镰、骨镰和蚌镰，石镰从石刀发展而来。夏、商、西周时期，农业生产中使用的收获农具由石刀、陶刀发展为石镰、蚌镰。石镰和蚌镰器身呈长条形，刃部加工成锯齿状，增加了收割的功效。同时，也出现了青铜收获农具，如铚、艾等。铚就是青铜刀，艾就是青铜镰。青铜镰一般为片状弯月形，有的刃部有齿。战国开始，铁镰逐渐取代铜镰。西汉以后，铜镰已基本消失，铁镰成为最主要的收获农具。铁镰一般呈微内弧长条形，通常是单刃有齿，基部可以夹装木柄。有的镰基部为銎状，可直接套在木柄上

石铚

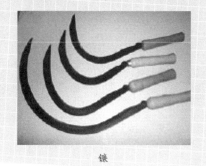

镰

使用；有的镰基部有孔，用钉加固于木柄上。镰刀作为传统的收割农具，一直沿用至今，在农业发展史上具有非常重要的地位。在现行以农户为单位的家庭联产承包责任制为主的经济体制长期存在的情形下，作为辅助农具的镰刀能很好地适应小规模自然经济的要求，尤其能够辅助满足大部分地少人多经济区域的农业生产状态的需要。

脱粒是稻麦收获过程中最重要的环节之一，主要是将原来附着在茎秆上的谷粒脱落下来，同时尽可能地将其他脱出物（短茎秆、杂物等）与谷粒分离。最原始的脱粒工具是用手搓磨谷穗，以后用木棍敲打，再后出现了连枷。南北朝以后，北方用碌碡碾压谷穗脱

我国古代收割农具，以宋元时期出现的推镰堪称机巧。王祯《农书·铚艾门》中说："推镰，敛禾刃也……凡用则执柄就地推去，禾茎既断，上以蛾眉杖约之，乃回手左摊成缚，以离旧地，另作一行。"推镰"顶端分叉，架以二尺长的横木"。

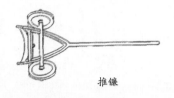

推镰

横木两端装上可以转动的小轮，轮中间嵌上一片镰刀，刀口向前。横木左右各装一根斜向的木杖，即"蛾眉杖"，用以聚集割下的秸秆。使用时，手执长柄，就地向前推动可铲割作物。推镰主要是针对荞麦的落粒性而发明的，但它同时又起到了减轻劳动强度的效果。推镰的发明，是收获农具上的一个突破。宋元时期还创制了麦钐、麦绰及麦笼的组合农具，大大提高了劳动生产率，尤其适用于地多人少地区的麦田收割，至今一些麦区仍在使用。

粒，而南方则在稻桶上掼打水稻脱粒。碌碡又称"碌轴"，是一种用以碾压的畜力农具。北方农家都有这么一个碌碡，石头的，圆柱形，粗粗的，笨笨的。两头套上套索，牛拉，后面的男人挥着鞭子赶，在铺满小麦或水稻的场地上一圈一圈走。碌碡碾过的地方，麦粒或稻粒便脱落下来。

稻桶也称禾桶，一种更老的脱粒农具，是南方农村传承的一种收获农具。平时可用来囤米、囤物，收获季节用来脱粒。禾桶在田间用来脱粒时，四边各站一人，从地上捡起捆扎好的稻束，高举过肩，抡圆后用力将带有稻谷的前端向着禾桶侧壁打下去，随后再将击打过的稻束抖上三下，使谷子尽量落在桶里。往复循环，击打次数视情况而定，至稻束的谷粒打干净为止。

簸扬是谷物入仓前除去糠秕、杂物的一道清选工序，使用的工具有簸箕、扬场木锨和筛等。簸箕的历史悠久，可以追溯至先秦，在西周更是常见、常用的工具。簸箕以竹或藤条编制而成，历代形制大同小异。具体的使用方法，除了上下颠簸，更多地采用盛谷后举高下注借自然风力鼓吹的办法。扬场木锨的形制仿效了铲土铁锨又较铁锨大而轻便，扬场用木锨铲起谷物迎风摔去，谷粒、糠秕自然分开，无风的天气可借谷粒、糠秕的比重差达到目的。用木锨扬场，可以视风力大小和风向

碌碡

稻桶

的变化随意调整摔场的力度、角度或改变场的方向，又无须太大场地，一直是现代承包少量土地的农户乐于使用的方法。筛是用来清除谷秕、杂物的工具，秦汉时期即已被使用。筛是"竹下有孔以下物，去粗取细"的农用器具，简便的用法是两手端起筛，左右晃动。孔大的可以筛出糠秕、残叶，孔小的可以筛去谷中细砂。

古代筛面

风扇车发明于汉朝，是用于清除谷物中的颖壳、灰糠及瘪粒等最有效的清选农具，是一种能产生风（或气流）的机械，由人力驱动，用于清选粮食。风扇车主要用于清除谷物颗粒中的糠秕，由车架、外壳、风扇、喂料斗及调节门等构成，工作时手摇风扇，开启调节门，让谷物缓缓落下，谷壳及轻杂物被风力吹出机外。风扇车根据谷粒及夹杂物容重飘浮特性的不同，利用叶片转动制造风力使之自行分离。宋元以后的风扇车更为复杂，稍加改造后，至今在我国广大农村作为清选谷种的工具仍被使用着。

风扇车

加工农具——获取生活资料的手段

古代传统的粮食加工工具是农业机械方面的重要发明，我国古代在粮食加工方面发明了不少机械。粮食加工器具自身的发展与中国其他传统器具一样，体现出很强的连续性、完整性与规律性，各自都有比较明晰的发展脉络。从最原始的使用石磨盘和石磨棒等进行加工粮食开始，继而又发明了石料臼与石磨盘、石磨棒共同承当春米及捣谷等作业，其后又相继发明了石堆、石磨、石碾等以多种方式对谷物进行去壳、加工，后来又发明了运用水力作为动力的水碓和水磨等效率较高的加工机械。传统粮食加工农具对古代农业发展和古人生活便利起了非常重要的作用，反映了当时人类谋取生活资料的手段和方式。

汉朝舂米画像砖

石磨盘

石磨棒

石磨盘和石磨棒是我国原始的粮食加工工具，新石器时代就已经使用这种工具对谷物进行碎粒去壳。石磨盘和石磨棒是采集经济繁荣的产物，是随着定向收集而出现的一种专门加工工具。旧石器时代晚期出现了最早的石磨盘，其结构简单，仅有上下两个天然石块，可以将采集而来的谷粒放在下面的平石上，用另一个石块按在上面进行研磨。新石器时期，古人对石块又进行了细化改造，下面的石块被磨制成扁平状，上面的石块被改制成圆柱体作为磨棒使用。把粮食放在石磨盘上，手执石磨棒反复研磨，既可脱壳又可磨碎。山西吉县柿子滩遗址中发现了一套板状砂岩制作的器物，其中一个表面平整，周边显然经过打制，略呈椭圆形，这是我国发现最早的石磨盘与石磨棒。石磨盘与石磨棒早期的主要功能是用于谷物脱壳，在脱壳过程中，有部分颗粒被碾压成粉状。在这个基础上，进一步发展出其制粉功能。

新石器时代末期出现了杵臼，由杵臼结合的舂捣法替代了石磨盘的碾磨法。杵臼是我国古老的击打式粮食加工工具，对谷物进行脱粒去壳的舂捣。起先是棍杵、地臼，继之又逐渐产生了木杵、树臼和木杵、木臼。杵，即舂米棒，有木制的，也有石制的。臼是舂米的器具，用石头或木头制成，中间凹下。初期，臼选择在木质坚硬处，掘地夯实，再经烙烧成为臼。后来，"掘地为臼"发展为"凿石为臼"。加工时，将谷物置于臼内，用杵舂捣石臼中的谷物，除去皮糠，以出新米。或用石杵臼将米、豆等粮食击捣成面粉。经过夏、商、周以及秦、汉、魏、晋的长期演变，石杵臼的制作和使用得到了充分的发展。

石磨盘和石磨棒的大量出现是与原始种植业生产相适应的，一直使用到夏、商、周时期。随着人们生活水平不断提高，在商周时期的粮食加工中，不但"量"需求扩大，而且"质"要求精细，我国便出现了石磨。秦汉时期，石磨的主体部分结构已经相当成熟。石磨比石磨盘和石磨棒先进，它由上下两扇有一定厚度的扁圆柱形的石头制成磨扇，并于侧面凿孔安柄，以便绑杠推转。下扇中间装有一个短的立轴，用铁制成，上扇中间有一个相应的空套，两扇相合以后，下扇固定，上扇可以绕轴转动。两扇相对的一面，留有一个空腔，叫磨膛，膛的外周制成一起一伏的磨齿。上扇有磨眼，磨面的时候，谷物

石法传承石磨面粉

石磨

通过磨眼流入磨膛，均匀地分布在四周，被磨成粉末，从夹缝中流到磨盘上，过罗筛去麸皮等就得到面粉。石磨有材质为石和可以连续转动两个重要特点，通过上下两扇磨盘在转动时所产生的摩擦力，研磨夹于其中的粮食，使其成粉、糊或出浆。西汉以后，除了人力推磨外，还出现了利用畜力拉转和水力驱动的石磨。

碓是我国古代的另一种粮食加工工具，它由杵臼发展而来，属于一种原始而传统的农业机械。碓创始于秦汉之际，普遍使用于广大中原地区。碓的结构较为简单，为由木、石组合而成的春米器具。主要是将一根较长的粗木棒安装在木架上，木棒顶端穿插碓头，末端变形为宽大的脚踏板；碓头下端安装石锤，石臼放置于碓头的下面以接住碓头。石碓产生于西汉以前，东汉之后较为广泛地使用。唐朝以后，人们对碓机结构进行了较大程度的改革，并出现了一些大型的脚踏石碓。工作时，劳动者脚踏碓头尾部的木杠，驱动倾斜的石锤（碓头）升起，随即抬腿减力，让失衡而落下的碓头砸在石臼中，一踏一放，反复起落，上下春捣，就可去掉臼坑中稻谷或粟谷的皮糠，以产生新米。与杵臼相比，石碓既省时又省力，从而提高了劳动效率，对经济、文化的发展产生过深远的影响。

石碾是我国历史悠久的传统农业生产工具，是古代进行脱粒、碾粉的粮食加工器械。石碾能以人力、畜力，水力使石质碾盘作圆周运动，依靠碾盘的重力对收获的颗粒状粮食进行破碎去壳等初步加工。一套完整的石碾，主要是由碾盘、碾台、碾槽、碾磙、碾架

　　秦汉之际，磨、碓由手推、脚踏到使用畜力、水力。汉朝以后畜力、水力逐渐成了中国粮食精加工的主要动力。畜力、水力的开发应用使连磨、连碓成为可能，连磨、连碓等大大提高了粮食精加工的效率。西汉末年出现了水碓，它是利用水力舂米的机械。水碓的动力机械是一个装有若干板叶的大立式水轮，转轴上装有一些彼此错开的拨板用来拨动碓杆。水碓建于溪边，置臼于地，架杆于轮，杆插碓头，利用水流落差，流水冲击水轮使它转动，轴上的拨板臼拨动碓杆的梢，使碓头一起一落地进行舂捣。利用水碓，可以日夜加工粮食。凡在溪流江河的岸边都可以设置水碓，还可根据水势大小设置多个水碓，设置两个以上的叫作连机碓，最常用是设置四个碓。在水力资源比较丰富的地区，脚踏石碓改进为水力带动的水碓，使粮食加工工具又向前迈进了一步。

等几部分组成，其中最为重要的是碾盘、碾槽和碾磙。碾槽是在碾盘上凿挖而成，槽、盘连为一体，碾盘需有一定的厚度。碾磙为转动的圆石，中心穿孔，安装杠杆，通过杠杆由人力或畜力驱动，并以碾槽为运转轨迹。碾盘、碾槽和碾磙三者都由巨石做成，选材和制作方面的难度较大，而且安装、移动也很不容易，属于石碾结构的核心部分。至于碾台，可以用砖、石垒筑，形状为圆墩，用以放置碾盘。碾架是由铁柱和木杠等配件构成，用以连接碾盘与碾磙，并控制和固定碾磙的运转路线。石碾是我国劳动人民在几千年的农业生产过程中逐步发展和完善的一种重要生产工具，在各地的谷物加工活动中发挥了巨大的作用，至今在许多农村地区仍有使用。

　　传统粮食加工器具是中国传统农业生产器具的一个重要组成部分，在中国数千年的文明史中占有重要地位，并与民生息息相关。我国传统的粮食加工工具历史上经历了由少到多、由单一到系统、由粗略到完善的过程，逐步提高和发展了古代农业经济领域的加工业，对历代传统农业的发展起到了积极的作用。

5 农田水利：保障农业稳产高产

农田水利以农业增产为目的，通过兴建和运用各种水利工程措施，发展灌溉排水，调节地区水情，改善农田水分状况，并结合农业技术措施进行改土培肥，促进生态环境的良性循环，以达到农业稳产高产的综合性科学技术。

古代农田水利发展概况

我国是一个古老的农业国，需要人工灌溉来保证农业生产。我国从进入农业社会开始就有了农田灌溉事业，农田水利在中国农业生产中就更具有重要的意义。在原始社会晚期，我们的先民就已经开始治理水害，开发水利，农田水利建设是在与洪水斗争的历史中兴起的。大禹治水是我国水利建设的开端，大禹治水接受其父的教训，变堵为疏，不仅避水害，还可以变害为利，人为地引导水流方向，以利于农田灌溉。

我国古代农田水利的发展，在不同的历史时期呈现不同的阶段性，一些大型渠系工程适应时代的需要而开挖兴建。西周时期，农田沟洫较为系统和完善，并出现了蓄水工程。春秋战国时期，人们已认识到农田水利的重要意义，曾修建过多处大型自流灌溉工程，著名的有芍陂、漳水十二渠、都江堰、郑国渠等。秦汉时期，灌溉排水及其他农田水利建设已由黄河、长江和淮河流

知识链接

世界古老文明中的原始农业，无一不是得到灌溉之利而发展起来的，中国、印度、古罗马、古波斯等国灌溉起源都很早。公元前20世纪左右，尼罗河流域、底格里斯河和幼发拉底河流域，已经出现大型水利设施。公元前3400年左右，古埃及德美尼斯王朝于孟菲斯城附近修建截引尼罗河洪水的淤灌工程，是最早有文字记载的水利灌溉工程。约公元前2200年，古巴比伦在底格里斯河和幼发拉底河河谷建造了当时世界上规模最大的奈赫赖万灌溉渠道。印度和中美洲的玛雅文化、南美洲的秘鲁等地，也很早就有农田水利工程出现。

域扩展到浙江、云南、甘肃河西走廊以及新疆等地。隋、唐、宋时期，太湖下游兴修圩田、水网，黄河中下游地区大面积放淤，水利法规渐趋完备，农田水利进入巩固发展的时期。元、明、清时期，长江、珠江流域，特别是两湖、两广地区，农田水利得到了进一步开发。

灌溉一词起源很早，《庄子·逍遥游》有"时雨降矣，而犹浸灌"。《史记·河渠书》有郑国渠"溉泽卤之地四万余顷"的记载。在《汉书·沟洫志》中，溉、溉灌与灌溉三词并用，同指灌溉农田。约公元前600年，孙叔敖兴建期思雩娄灌区，是中国最早见于记载的灌溉工程。《史记·河渠书》中已有水利一词，当时主要指农田水利。北宋熙宁二年（1069），颁布《农田水利约束》水利法规，自此就有了农田水利一词。明万历年间，《农政全书·水利》为中国农田水利学滥觞，《泰西水法》为介绍西方水利技术的最早著述。19世纪末，西方灌溉、排水科学技术开始在中国应用。20世纪，我国相继举办了不同类型的农田水利工程，先后开展了灌溉、排水的科学研究工作。20世纪30年代，陕西省建成泾惠、渭惠、梅惠等大型自流灌区。

芍陂——蓄水陂塘工程的代表

芍陂，我国古代最早的大型陂塘灌溉蓄水工程。因引淠水经白芍亭东积水形成而得名，《水经注》记载："淝水流经白芍亭，积水成湖，所以叫作芍陂"。"陂"就是池塘的意思，指利用自然地形人工修筑的堤坝。隋唐以后，又因在此设置安丰县，所以又称安丰塘。

芍陂是我国早期为农田灌溉而兴建的蓄水陂塘工程的代表，与都江堰、漳河渠、郑国渠并称为我国古代四大水利工程。

陂塘水田模型主要出现在两汉时期的墓葬中，其中出土于陕西省汉中市和广东省佛山市的模型很有代表性。汉中出土的模型为方形圆角，坝在池塘与稻田中间，其中部有拱形的出水口，并装有提升式闸门。池中有鱼、

芍陂——安丰塘

124

鳖、蛙、螺之类，田里有纵横成行的秧苗。佛山的水田模型颇为复杂，水田被田埂分为六块，农夫在不同的田块里犁田、插秧、收割、脱粒，在收割后的田块里还堆着肥料。陂塘的兴建，带动了以陂塘为基础的副业发展，从而促进了农村经济的繁荣。

芍陂（安丰塘）始建于公元前6世纪，由孙叔敖创建，是中国最早的陂塘类灌溉工程。塘堤周长25千米，面积34平方千米，蓄水量1亿立方米。放水涵闸19座，灌溉面积6.2万公顷，因其"纳川吐流，灌田万顷"而被民间誉为"天下第一塘"。芍陂灌溉系统支撑的区域农业发展至今已延续2600多年，以芍陂水利工程为核心，形成了包含区域水系、农业生态、田园景观、水神祭祀、灌溉管理等内涵丰富的灌溉农业文化遗产，对研究中国古代水利工程建设和水利发展史具有极高的历史价值，被誉为"中国活着的水利史"。

芍陂附近地区是春秋楚国主要的农业地区之一，对楚国的富强称霸至关重要。这里的自然地形是东、南、西三面地势较高而北面地势低洼，夏秋大雨，山洪暴发，形成涝灾。少雨季节又成旱灾。芍陂工程的修建解决了这一水害，并具有调节水量作用。《水经注·肥水》说："陂有五门，吐纳川流。"不仅天旱有水灌田，又避免水多洪涝成灾，原来的水害，便成了水利。芍陂建成后，浇灌禾田"万顷"，促进了当地农业生产的发展，使安丰一带每年都生产出大量的粮食，并很快成为楚国的经济要地。楚国更加强大起来，打败了当时实力雄厚的晋国军队，楚庄王也一跃成为"春秋五霸"之一。春秋末期，寿春已成为楚国南部的一个重要都会，为楚考烈王于公元前241年迁都寿春奠定了物质基础和社会条件。

《池塘养鱼图》

芍陂选址科学，工程布局合理，凝聚了中国古代劳动人民的心血和智慧。建造时利用了北面低洼、东南西三面地势较高的地形特点，因势而建。将东面的积石山、东南面的龙池山和西面的六安龙穴山流下来的溪水汇集于低洼的芍陂之中。修建五个水门，以石质闸门控制水量，"水涨则开门以疏之，水消则闭门以蓄之"。不仅天旱有水灌田，也能避免水多洪涝成灾。后来又在西南开了一道子午渠，上通淠河，扩大芍陂的灌溉水源，使芍陂达到"灌田万顷"的规模。芍陂是我国水利史上最早的大型陂塘灌溉工程，水源充沛，它的建造为后世大型陂塘水利工程提供了宝贵的经验。

芍陂历战国、秦和西汉，建成后 600 多年没有修治的记载。自东汉至唐，历代屡次修浚芍陂。东汉章帝建初八年（83），王景任庐江太守，"驱率使民，修起荒废"，第一次大修，对芍陂进行了修治。献帝建安五年（200），扬州刺史刘馥兴治芍陂以溉稻田。东汉时，"陂周二三百里，芍陂可灌田万顷"，使它周围地区成为著名的产粮区。建安十四年（209），曹操亲临合肥，复"开芍陂屯田"。曹魏齐王正始二年（241），邓艾在芍陂附近修建大小陂塘 50 余处，增加了芍陂的蓄水能力和灌溉面积。曹魏屯田时期，芍陂得到较为彻底的修治，是历史上"最为极盛"的阶段。西晋武帝太康年间（280—289）刘颂为淮南相，修芍陂，"计功受分，百姓歌其平惠"。南朝宋文帝元嘉七年（430），刘义欣为豫州刺史对芍陂作了一次比较彻底的整治。隋文

知识链接

芍陂修建后的 2000 多年中，有关芍陂的历史资料极为丰富，多分散记载在各种史书文献中。但在清乾隆以前，一直未有一本全面系统记载芍陂的志、书。清嘉庆六年（1801），寿州人夏尚忠著成《芍陂纪事》一书，才得以改变。《芍陂纪事》于清光绪三年（1877）刊印，全书一册，分上、下两卷。该书首次全面系统地记载了芍陂的历史，是我国古代一部重要的区域性水利工程史专著。该书收载资料完备、系统，全书按陂论、水源、陂图、闸坝、沟洫、惠政、列传、姓氏纪、祠祀、祭田、古迹、碑记、文牍、赘言、议约等 21 个方面进行叙述。《芍陂纪事》为后人研究和认识芍陂及开发利用，留下了极为珍贵的历史文献，具有很高的史料、学术和文物价值。《芍陂纪事》作为区域性的水利工程史专著有其独到之处，编者夏尚忠在记事中进行探索、研究，进而在书中提出了自己的水利建设主张，为陂塘工程提出可行性的管理运行方式和持续建设手段。《芍陂纪事》不仅是研究芍陂水利历史的宝贵资料，且对探讨地方区域水利史和社会史也极具重要的文献价值。

帝开皇年间（581—600），赵轨为寿州长史，对芍陂再次修治，将原有的5个水门改为36个，"鲂鱼鲅鲅归城市，秔稻纷纷载酒船"。唐、五代至宋元年间，芍陂代有兴废，因侵塘占垦等，塘面日趋缩小。到明朝末年，"一百余里之全塘，仅存数十里许"。清朝，芍陂得到多次治理，疏通渠道，维修水门闸，培修塘堤，改36门为28门。民国时期，连年战乱，水利失修，芍陂堤坝颓废，斗门毁坏，蓄水仅1700立方米，灌溉面积不足1.33万公顷，"蓄水之效，几已全失"，芍陂（安丰塘）的价值

也渐渐缩小。1949年新中国成立后，芍陂经过综合治理，大大提高了它的灌溉能力。现今，芍陂是淠史杭水利资源综合利用工程的一个组成部分，为淠史杭灌区的一个反调节水库，发挥着防洪、除涝、水产、航运等综合效益。

漳水十二渠——大型渠系引水灌溉工程

春秋战国时期，是我国历史上重大的社会变革时期。在生产关系方面，封建制逐步取代奴隶制，新兴封建地主阶级为巩固政权，纷纷推行政治、经济等诸方面的改革和变法。在生产力方面，铁制农具广泛运用于农业生产，促进了农业发展。在此背景下，作为传统农业基础的水利事业迎来了大发展，突出的表现是大型水利工程建设的兴起。漳水十二渠就是这一时期我国北方地区最早的大型渠系引水灌溉工程之一。

漳水十二渠是我国最早兴建的大型灌溉工程，位于当时魏国的邺县，因工程修建有12条渠而得名。漳水十二渠是我国多首制引水

河灌是我国古代农田水利的主要形态，我国古代修建的水利工程大部分都与河灌有关。河灌即引河水、湖水进行灌溉。我国河灌的历史可以追溯到商周时期，那时的井田应该就是引用河水进行灌溉，如孙叔敖引期思水灌溉雩娄土地、西门豹开漳水十二渠以灌溉农田等。秦汉时期的河灌比较普遍，汉武帝就是引川谷及河水灌溉农田。关中辅渠、灵轵引堵水，汝南、九江引淮，东海引钜定，太山下引汶水，皆穿渠为溉田。魏晋南北朝时期，出现过引河灌溉工程。刘靖在蓟城引湿水灌田，刁雍在宁夏平原修复艾山渠溉田约 26.67 公顷，薛虎子在徐州兴修水利灌溉农田。隋唐五代时期，留下了不少引河灌溉工程。开元二年，并州文水县令戴谦凿甘泉渠、荡沙渠、灵长渠、千亩渠，俱引文谷水，溉田数万公顷。宋元明清时期，对河灌仍比较重视，尤其重视用河水淤灌。熙宁二年（1069）至元丰二年（1079），引黄河、汴水、漳水、滹沱河水淤灌两岸农田。宋朝时，富平县有九渠引自漆沮河，灌溉规模共达数百千米，各渠具体分布在李好文《长安志图》附绘《富平县境石川溉田图》中有直观表示。明清时期，关中地区水利建设的一个显著特点是小型灌溉的发展。

《富平县境石川溉田图》

工程的创始，从多处引水，渠首有多个，是战国初期以漳水为源的大型引水灌溉渠系。因漳河多泥沙，泥沙淤积常使河道主流摆动迁移，多首引水可避免主流因淤塞与渠口不能对接而无法引水，也易于清淤修护。引水口均开在河流的南岸，这里地势很高，便于控制整个冲积扇灌区，形成自流灌溉。再者，这里土质坚硬，河床稳定，引水方便。每个引水口又设置闸门，可根据需要调节水量。可见整个工程的设计、施工技术都达到了相当高的水平。

战国时期，漳水是邺地的主要河流，发源于太行山东麓，流经山西黄土高原，自邺城以西出山后，形成冲积扇。邺城以西为冲积扇上部，河道稳定，河床纵比降大，引水容易，也适宜于修建渠首工程。以东为冲积扇下部，漳水游荡不定，加上其暴涨暴落的水文特性，易泛滥成灾，农业发展受到严重影响。据《史记·滑稽列传》记载，西门豹"发民凿十二渠，引河水灌民田"。魏文侯二十五年（公元前 421），西门豹任邺令，发动民众修建漳水十二渠，消除水患，灌溉农田，发展农业生产。

漳水十二渠建造方法是"磴流十二，同源异口"。"磴"就是高度不同的阶梯，在漳河不同高度的河段上筑十二道拦水坝，这就是"磴流十二"。每一道拦水坝都向外引出一条渠，所以说是"同源异口"。灌区在漳河以南，工程建在漳河出山口，即冲积扇的上端，修建十二道低堰，呈梯级层层拦截流水。再在每个低堰上游的南岸修建一条水渠。枯水时，十二道低堰能拦蓄水流，供给渠道足够的水量。洪水时，水流从低堰滚过，经十二道低堰层层拦截，水流自然变缓，分摊了洪水的水势，保证了渠道的安全。第一渠首在邺西9千米，相延6千米内有拦河低溢流堰十二道，各堰都在上游右岸开引水口，设引水闸，共成十二条渠道。具体的做法是"二十里作十二磴，磴相去三百步，令互相灌注。一源分为十二流，皆悬水门"。就是在10千米的漳河河段上，修建十二道低溢流堰，每道堰的上游均开一个引水口，设闸门控制。每口开凿一条水渠，共开凿水渠十二条，使邺地的农田都得到灌溉。

漳水十二渠的修建，使生灵免受水害，百姓乐业安居。因漳水流经黄土高原，水流浑浊而多泥沙，多首引水便于调节水流，引彼冲此，把淤泥冲走，保障疏浚与灌溉两不误。漳水十二渠各设有调节水量的水门，既可以改善漳水宣泄不畅的状况，又可以引河水灌溉田地，使这一带田地成为膏腴。因漳水中有机质含量十分丰富，引浑水淤灌，起到了浸润和施肥作用，把这一带的田地变成为

知识链接

西门豹，战国时期魏国人，著名的政治家、水利家。战国时期，魏国邺地漳河经常发水灾，当地老百姓深受其害。而邺地的一些地方官吏、地主豪绅却与装神弄鬼的巫婆串通一气，造谣惑众。说要使水灾平息，每年必须挑选一个美女送给"河伯"做老婆。就这样，在官吏豪绅的操纵下，年年驱使老百姓给河伯娶妻，趁机向老百姓索取大量钱物，进行分赃。天灾人祸，使邺地百姓贫困交加，只得背井离乡，四处逃亡。邺城当时是一个军事要地，魏文侯为了据守这一重要的地方，于是派能干的西门豹去当邺令。西门豹任邺令期间，为发展

西门豹治邺

邺地经济和安定社会做了两件大事：一是，破除了河伯娶妻的陋习；二是，发动民众修建了漳水十二渠。西门豹来到邺地，经过深入调查访问，弄清了当地官吏坑害百姓的真相。后来，西门豹将计就计，利用为河伯娶妻的机会，将作恶多端的巫婆和三老扔进河里，严厉惩罚了欺压百姓的官吏。接着，西门豹发动百姓开凿了十二条渠道，引河水灌溉农田，消除了水灾，使邺地成为相当富庶的地区。

良田，农作物产量大增，使邺地民富兵强，成为战国时期的东北重镇。

灌区工程建成后的千余年间，漳水十二渠兴衰变迁，但历代引漳灌溉的努力一直没有停止。西汉时期，因修筑驰道，曾计划将十二渠合并为四渠，民众以原渠效果好，反对合并。东汉末年，曹操经营邺城为根据地，整修渠堰，改建为天井堰，灌区称晏陂泽。东魏时期，高隆之修筑邺城，改建渠道为单一渠首，称万金渠，又称天平渠，具有灌溉、城市供水、水力利用等效益。唐朝重修天平渠，并以天平渠为骨干，分引扩建，开凿有金凤渠、菊花渠、利物渠等。此后历经宋、元、明、清，灌区屡有兴废。发展至今日，引漳古灌区成为漳南灌区的一部分，部分旧渠道为新世纪开工的南水北调工程中线所利用，拥有2000余年历史的古老灌区，正展现出新的风貌，焕发出新的青春。

都江堰——无坝引水技术的集中体现

"四川盆地"的成都平原，沃野90万公顷，素有"天府之国"的美称。没有成都平原的丰收，哪来巴蜀的富足？可是，在成都平原周围由三四千米的高山环绕，中间低洼，每年山水和融化的积雪汇流冲入成都平原，岷江到此又好似松缚之龙，宣泄不易，易淤易积，水患不绝，经常泛滥成灾；水退以后，又可能局部旱灾。

2000多年来，都江堰一直发挥着防洪灌溉的作用，使成都平原成为水旱从人、沃野千里的"天府之国"。至今灌区已达30余县市，面积近千万公顷。迄今为止，都江堰是全世界年代最久、唯一留存、仍在使用，以无坝引水为特征的宏大水利工程。它采用无坝引水工程的技术，集中体现了无坝引水的技术特点。这种无坝引水工程能使航运功能以及地下水与地表水的天然循环机制均完善保持，这个工程凝聚着中国古代劳动人民勤劳、勇敢、智慧的结晶。

战国末年，因秦统一战争的需要而开始建设都江堰。秦统一六国战略之一是吞并蜀国，然后以蜀作为攻楚的战略后方。这就不但需要利用岷江水道将所需军粮运至楚地，而且更需要在成都平原建设粮食基地。都江堰位于四川省灌县，地处岷江流域的成都平原上。为了解决成都平原的水灾和旱患，发展川西农业，造福成都平原。战国秦昭王末年（约公元前256—前251），蜀郡太守李冰为了解决岷江经常泛滥造成的水害，领导百姓主持修建了都江堰这一大型水利工程。都江堰经历了从战国到汉晋时逐步完善，至唐宋基本稳定。自汉朝开始，都江堰灌区就作为全国重要的粮仓，赈济全国的灾荒。时至今日，都江堰水利工程依然发挥着重要作用。

都江堰工程布局合理，运用得当。渠首枢纽由都江堰鱼嘴、飞沙堰、宝瓶口以及百丈堤、金刚堤、人字堤等部分组成，其中主要工程是鱼嘴、飞沙堰和宝瓶口三大部分。这三大部分互相调节，互相制约，科学地解决了江水自动分流、自动排沙、控制进水流量等问题，消除了水患。更为重要的是相互依赖，相互配合，联合运用共同组成一个有机的完善整体，使都江堰很好地发挥了引水作用。

都江堰鱼嘴

都江堰工程结构科学又巧妙，三大工程的位置、结构、尺寸、高低、长短、宽窄、方向、角度等合理布置。依据地势和水情，与岷江河床走势，不同季节上游的来水与来沙变化等相结合，选择岷江从山溪谷进入平原河槽的灌县一带，作为施工作堰的地址。这里施工比较容易，能就地取材，用竹笼装满卵石，堆砌分水堤埂。巧妙利用天然地形加以改造，把岷江分为内外两江。既消除了水患，又提供沿岸的土地灌溉，一举多得，达到巧妙地引水、分水、泄洪、排沙等目的。

都江堰飞沙堰

鱼嘴又叫分水鱼嘴，因其形如鱼嘴而

分水鱼嘴

都江堰分水鱼嘴

都江堰宝瓶口

得名，是都江堰的分水工程。鱼嘴是建于江心洲的分水堤，建造位置恰当，因岷江左面有百丈堤导流，右面有一护岸工程约束，河床稳定，上下游河势有利于鱼嘴在枯水时内江多引水，洪水时外江多排沙。它用以分水，属金刚堤之首部，将岷江水一分为二，分内外二江。西边的外江宽而浅，是岷江正流，顺江而下，主要用于排洪；东边沿山脚的内江窄而深，是人工引水渠道，被迫流入宝瓶口，主要用于灌溉。

　　鱼嘴的布置考虑河道江心地形和分水流量两个因素，使灌区保持了通航和防洪的功能。内江水流经无数河道和人工水渠，能够灌溉成都平原的农田。鱼嘴具有调节岷江水量的功能，春耕时，平原需要灌溉，内江流水量占六成，外江水量占四成。这样枯水季节水位较低，则60%的江水流入河床低的内江，保证了成都平原的生产生活用水。洪潮时，内江水自动减为四成，外江占六成。由于水位较高，于是大部分江水从江面较宽的外江排走，以避免平原的泛滥。这种利用地形自动分配内外江水量的设计就是所谓的"四六分水"，完美地解决了内江灌区冬春季枯水期农田和百姓生活用水的需要，以及夏秋季洪水期的防涝问题。

　　宝瓶口是控制成都平原自流灌溉的门户，是都江堰灌区的总取水口，也是都江堰枢纽中起控制引水量作用的工程。它与鱼嘴、飞沙堰巧妙配合，能自动使进入灌区的水量稳定，以达到枯水期或枯水年保证成都平原的灌溉用水，丰水期或丰水年不致使灌区水量过多、泛滥成灾的目的。原本突兀于内江左岸的玉垒山崖壁，被凿开一个形如瓶口的引水渠首。既能引水灌溉、漂木，又能控制过多洪水进入灌区。岩壁凿着醒目的标尺，以观察水情，水中立三座高大的石人像，称"自动水位计"，规定"水竭不至足，盛不没肩"，枯盈由飞沙堰调节。被斩断而留在宝瓶口右边的山岸称"离堆"，实际相当于节制闸，洪水时，离堆前壅高水位产生的回流能加强飞沙堰排洪排沙的作用。人字堤的溢流能降低宝瓶口前水位，也可减少洪水进入灌区，起着调节水流量的作用。

飞沙堰是都江堰三大件之一，为确保成都平原免受水灾起到关键作用。为了进一步控制流入宝瓶口的水量，起到分洪和减灾的作用，防止灌溉区的水量忽大忽小，不能保持稳定的情况，在鱼嘴分水堤的尾部，靠着宝瓶口的地方，修建有分洪用的平水槽和飞沙堰溢洪道，以保证内江无灾害，溢洪道前修有弯道，江水形成环流，江水超过堰顶时洪水中夹带的泥石便流入到外江，这样便不会淤塞内江和宝瓶口水道，故取名"飞沙堰"。飞沙堰建立在内江两岸，是一段长约300米的分洪减淤的低坝，以竹笼装卵石筑成。堰顶做成比较合适的高度，起调节水量的作用。这是内江弯道末端的凸岸，洪水进入内江后，沿弯道流至虎头岩前，产生一股强大的弯道螺旋流环流，当水位超过一定高度时，能将多余的水连同夹带的沙石漫出堰顶，排进外江，使得进入宝瓶口的水量不致太大，保证了宝瓶口少进洪水和泥沙，可以有效地减少泥沙在宝瓶口周围的沉积。遭遇特大洪水，飞沙堰自行溃决，使进入内江的洪水泄入外江，以确保内江灌区的安全。

都江堰渠首工程绝妙天工，不仅能自动调节水量，还可以自动分沙排沙，岷江在洪水期夹沙石滚滚而下，若不排沙，势必造成江道堵塞，河渠荒废。造鱼嘴引导弯道环流，让含沙多的洪水冲向凸峰的外江，这样，流向内江凹峰的含沙量势必减少，这就是现代水利学上的"凹峰引水，凸峰排沙"的原理。进入内江的沙石，又随水流顺着玉垒山流向内江中的虎头岩，再被逼向飞沙堰，溢顶而排入外江，这就叫作"正面引水，侧面排沙"。剩余的沙石由于"离堆"岩壁对洪水的依托和宝瓶口的束水作用，随旋流不断移动，最后被回旋到"离堆"旁的泄洪河道排走，不致下游淤沙成灾。此工程充分利用了天然的地理环境，互相配合，联合运用，各自发挥特有的作用使都江渠首巧妙地完成了引水、排沙、泄洪和导漂的任务。工程布局如此合理，真可谓巧夺天工。

　　李冰无须言，自有都江堰。李冰，战国时期著名的水利工程专家。公元前256—前251年被秦昭王任为蜀郡太守。期间，除都江堰外，李冰还主持修建了岷江流域的其他水利工程。如"导洛通山，洛水或出瀑布，经什邡、郫，别江"；"穿石犀溪于江南"；"冰又通笮汶井江，经临邛与蒙溪分水白木江"；"自湔堤上分羊摩江"等。其中以他和其子一同主持修建的都江堰水利工程最为著名。都江堰平实而高超的布局，李冰"遇弯截角，逢正抽心""急流缓受，不与水敌"的治水理念，无不闪烁着"天人合一""道法自然"的哲学思想，饱蕴着独特的东方文化神韵。都江堰是当今世界上最环保的水利工程典范，可以说李冰是世界最具智慧的治水大师。李冰任蜀守期间，在今天的双流华阳设立盐井，创造凿井汲卤煮盐法，是中国史籍中最早凿井煮盐的记载。

　　都江堰使成都平原成了2000多年来的"天府之国"。纵横交错的沟渠，灌溉排水，兼筹并顾，而且多数河流都能通航，不论岁修或浚淘，都可以就地取材，简易处理。都江堰是历史上水利工程的光辉创造，规划的完美、施工的合理经济、功效的宏大、使用寿命长远、经费的俭省，在世界古代史上是独一无二的，都江堰灌溉着成都平原的万顷良田。可以说，"天府之国"的美誉，不是大自然的赐予厚爱，而是由于人们的劳动和创造，对大自然的合理改造。

　　都江堰建堰2200多年经久不衰，而且发挥着愈来愈大的效益。建成后，历经各朝各代，充分发挥了它防洪、灌溉、水运和社会用水等综合效益。都江堰水利工程所体现的中国先民的创造力和想象力，为我们树立了一个精神标杆和建造范本，也成为当今世人学习景仰的重要文化遗存。古老的都江堰水利工程被誉为"世界水利文化的鼻祖"，2000年被联合国教科文组织列入"世界文化遗产"名录。

郑国渠——古代拦河壅水技术的典型

　　郑国渠位于陕西关中地区，是我国最早在关中建设最长的人工灌溉渠道，与都江堰、灵渠同被誉为战国时期的三大水利工程。郑国渠渠首大坝无论是坝址的选择、渠首引水工程的布局，还是测量施工技术，对于水文地质的认识，以至于溢洪设计、筑坝材料的选择都有其独到的思想和较高的科学水准，标志着中国古代水利工程技术的成熟。

郑国渠工程浩大，设计合理，技术之先进，效益显著。工程具有我国古代水利科学技术的几个代表性特点：一是，渠道布设合理，规模宏大；二是，"横绝"河川，扩大水源；三是，泥水灌溉，淤田压碱；四是，开引泾先河，历代争相沿袭。

郑国渠大坝气势宏伟，结构合理，拦蓄力强。郑国渠大坝的建筑可作为我国先秦拦河壅水技术的典型，渠首位置的选择、壅水建坝的修筑方法、渠首附属工程的配置等筑坝技术在战国末期都是十分先进和科学的。郑国渠工程流线长，灌溉面积大，因此选择渠首工程和建筑拦河堰坝显得至关重要。郑国渠充分利用了泾河出北山山系以后的地形特点和泾河的水文特征，将渠首选在泾河出山处的弧口。首先，此处河身较窄，主流稳定，易于引水。在此最窄的地方拦水筑坝，最为省功，而且利用北部第一河曲，正好形成一较大蓄水区。其次，此处河床较为平坦，水流减缓，一些粗沙能够沉积，不致带入渠中。再次，渠首设计在灌区最高田的上游，能够控制整个灌区，增加自流灌溉面积。地势较高，便于控制渠水沿最高坡前地势延伸，保证最大灌溉面积。这里地势优越，

是理想的引泾渠口选择地，形成了一个全部自流灌溉系统。

郑国渠的成功之处是通过开凿若干最必要的渠道使原有众多河水改变流向，或者使之变成为自己的渠道。郑国渠东流要穿越冶峪水、清峪水、浊峪水和沮水等，它采用了"横绝"的工程技术，将诸小河之水横截入郑国渠。"横绝"是拦河滚水坝，渠走坝上游，与天然河水混合。具体做法是：把南边的渠堤用堆石困的方法加高加厚，形成一定的坡度，诸小河水自然从北边流入郑国渠里。为保证渠道正常工作，渠中水位与河沟水位还要相差不大。当天然河水少时，即随渠而去。当天然河水过多，如洪水来临时，则溢流过坝泄入原河道中。在冶、清二水的南面修筑拦水坝，采用"横绝"的方法"绝"冶、清二水。拦截这两渠的常流量，暴雨的水流通过另开辟的泄洪水道排走。"横绝"工程扩大了郑国渠的水源，增加了灌溉面积。另外，诸小河下游也开辟为耕地，增加了耕地面积。

郑国渠建成后，泾水沿着渠道源源不断地灌溉着沿线的大片农田，使原来瘠薄的渭北平原一变而为"无凶年"的沃野。郑国渠不是一般意义上的引水灌溉工程，而主要在于引浑淤地，改良低洼盐碱，扩大耕地面积，使关中东部低洼平原得到基本开发。泾水所含大量泥沙流入农田后，沉积在地表，有利于淤地压碱。郑国渠所引的泾水为多泥沙河流、高泥沙浑水。这种从陇东高原带下来含有机质的泥沙，随水一起输送到低洼沼泽盐碱地区，则有淤高地面、冲刷盐碱、改沼泽盐卤为沃野良田的功效。郑国渠下游的关中地区，大多都是未垦殖的沼泽盐碱地，本来不适合农作物生长，不是农耕地。土质多带卤性，是盐碱严重地区，必须依靠河流冲刷碱卤才能种植。郑国渠的开凿，人为大规模引来浑水淤灌，改良盐碱，垦殖出大片良田美地。泥沙中夹带有丰富的有机质，又可起到提高土地肥效的作用。郑国渠放淤后，土地肥沃，使关中东部的低洼平原得以全面开发，大量的粮食生产是秦统一天下的经济基础。

郑国渠开历代引泾灌溉之先河，是中国古代著名的大型水利工程。经过 10 年的努力，工程全线竣工。渠道长 150 余千米，流经泾阳、三原、高陵、富平、蒲城等县，向东注入洛水。郑国渠加上之后修凿的白渠、六辅渠等水利工程，构成了一个既引泾入洛又引泾入渭的规模宏大的灌溉水系。郑国渠从瓠口取水，像一根长长的吸管，穿过关中平原北部，把泾河和洛水连接起来。

郑国渠自秦国开凿以来，对后世引泾灌溉产生了深远的影响。秦以后，历代继续在这里完善水利设施，先后有白渠、郑白渠、丰利渠、王御使渠、广惠渠、泾惠渠等历代渠道。汉朝，在原郑国渠的南面新修了一条干渠，称"郑白渠"，供水范围包括今陕西省泾阳、三原、高陵等县，灌溉面积约 120 万公顷。唐朝，继续扩建，分出太白渠、中白渠、南白渠三条干渠，合称"三白渠"。北宋熙宁年间，由于泾河河床下切，渠首引水困难，开始对渠首进行大规模改建。不仅渠口向上游延伸约 2 000 米，并且建回澜、澄波、静浪、平流四座节制闸以控制汛期引水，前后历时近 40 年完工，称"丰利渠"。元朝，渠口继续上移，称"王御史渠"。明朝，渠首上移已至极限，已至泾河出峡谷口，称"广惠渠"。清朝，引水愈发困难，不得已引山泉水入渠，称"龙洞渠"，灌溉面积仅约 8 666.67 公顷。直到 1930 年，中国近代著名水利专家李仪祉先生主持改建引泾渠首为有坝引水，历时近两年，引泾灌溉才得以恢复，形成了今天泾惠渠的雏形。引水量每秒 16 立方米，可灌溉 4 万公顷土地。新中国成立后，在原来拦河坝基础上几经改造，建成了现在灌溉面积达约 8.67 万公顷的泾惠渠灌区。从郑国渠到今天的泾惠渠，引泾灌溉工程历经 2000 多年的变迁，形成了独特的水利风景。

灵渠——开创世界人工运河史的先河

灵渠，位于广西壮族自治区兴安县境内。古名秦凿渠，《旧唐书》作"湋渠"，亦作"零渠"。唐咸通年间桂州刺史鱼孟威作《桂州重修灵渠记》，灵渠之名首见。明清时期称陡河，近代又称湘桂运河、兴安运河。灵渠引湘江入漓江，沟通了长江与珠江两大水系，是世界上尚存最古老的人工运河之一，至今仍在发挥作用。

秦始皇二十六年（公元前 221），秦灭齐，统一六国，分天下为三十六郡。为统一全国，随即又发兵岭南。据刘安《淮南子·人间训》记载，秦军分兵五路，向现在的福建、广东、广西进军。由于岭南山高水险，道路崎岖，秦军粮饷供应跟不上，再加上越人的顽强抵抗，迫使秦军"三年不解甲驰弩"。为尽快结束战争，秦始皇决定在兴安县境内开凿一条渠道，将湘江与漓江沟通，用船转运粮饷。

灵渠一修通，秦军的粮饷就可以通过汉水和长江，进入洞庭湖，再溯湘江而上，经过灵渠，到达漓江。由漓江进入珠江，东南可达番禺（今广州市）入南海；往西经珠江上游的左右江和红水河可达云南、贵州；由珠江的支流东江可达福建，由北江可达湖南。灵渠穿越南岭，使岭北的湘江与岭南的漓江沟通，把长江水系和珠江水系联系起来，使大半个中国的水运，全盘皆活，其意义远不限于南方一个地区越五岭、通三江的交通。秦始皇修通灵渠的当年就统一了岭南，建立桂林、南海、象三郡，形成了中国历史上第一个统一的国家。

灵渠建成于秦始皇三十三年（公元前214），迄今已有2200余年的历史。灵渠工程包括南渠、北渠、铧嘴、大小天平坝、泄水天平、陡（斗）门、堰坝、秦堤、桥梁等设施，这些构筑物不可或缺，共同构成了一套完整的水利工程系统。水系由湘江—北渠—分水塘—南渠—漓江共同构成，形成了一条沟通长江水系与珠江水系的完整运河。从总体布局到各具体工程的设计都相当合理、科学，这一系列工程构筑物的巧妙结合体现了当时高超的技术水平。

大小天平是指在海阳河上用大块石灰岩砌筑而成的一座拦河大坝，即海阳河的拦河坝，也是分水堰。斜向南渠一侧的叫小天平，斜向北渠一侧的叫大天平。呈"人"字形布置，前尖后阔，形如犁铧，故又称铧堤。"人"字形大坝符合流体力学规律，增强了大坝的抗压力。铧堤起着拦蓄和抬高水位的作用，把河水南北分流，分别流入人工开凿的南北渠道中。它抬高了湘江的水位，形成一

灵渠

个小小的水库。大小天平坝身全部为溢流段，当来水超过渠道允许的高程时，天平顶自行溢流，使进渠流量保持不变，以确保渠道的安全。天平坝顶的溢流，泄入湘江故道，没有漫延冲决之祸，此时的湘江故道成了理想的排洪水道。坝基用松木打桩，再于松桩间横铺一层松木，坝体石料都砌筑在此基础上。坝顶平铺石灰岩条石，两石紧密相拼，相接处各凿"燕尾形"石槽，再把熔铸生铁浆灌入石槽，使相邻的两块石头连成一体。在水的压力作用下，会越冲越紧，增加了大坝溢流时的安全性。

铧嘴是建在大小天平顶端向江中延伸的一道石堤，起分水和导水作用。形如犁铧的尖嘴，故名铧嘴。分水堰要起到应有的平衡、调节、分配流量的作用，就必须紧密配合分水铧嘴才能起作用。铧嘴用松木打桩，外围用条石砌筑，中间填砾石和泥沙。铧嘴正踞河心，尖端所指方向与海阳河主流方向相对。迫使水流向两侧分流，顺大小天平进入南北两渠，帮助大小天平合理分水，使水流通顺平稳，以利建筑物的安全和航行。压力也分向两岸，减轻洪水对大小天平的冲击力，起到保护大小天平的作用。

南渠和北渠是沟通湘江和漓江两大水系的通道，方便分流与通航。南渠是灵渠的主体，巧妙地利用了原有天然河道，因势利导加以改造，不仅大大节省了南渠的开凿工程量，而且沿途兜纳山溪暴流充实了水源。由于大小天平抬高了分水塘处的水位，加大了这一段湘江故道的水面落差。南渠与湘江故道形成高程不同的两层水道，不能沿湘江故道通航于湘漓二水，因而另开北渠。北渠自分水塘分流而出，向北蜿蜒于湘江冲积平原间，至洲子上村附近再入湘江，渠道较宽。在开挖北渠时，有意延长流程，将北渠挖成两个大的"S"形湾，流程延长一倍多，落差减小。迂回曲折的北渠，不但水流平缓，

铧嘴

有利于航运，还能最大限度地节约用水。

泄水天平建于渠道上，是清朝整修灵渠的一项重要改进措施，泄水天平在专业术语中叫"溢流堰""泄水堰"。泄水天平的设置，具有排泄洪水、保持渠内正常水位、确保渠道安全的作用。南渠有三处。分别是大泄水天平、小泄水天平和黄龙堤溢流堰。大泄水天平设在飞来石附近，小泄水天平筑在兴安城马断桥下，起着排洪泄水的作用，以弥补小天平的不足。当南渠水位超过坝顶时，水从坝顶溢出，泄至湘江故道，其泄量可以高于南渠本身的流量，用来宣泄洪水季节大小天平来不及宣泄的余水和南陡到此区间左岸山坡的积水，避免漫堤而破坏秦堤。北渠有两处，分别为竹枝堰和回龙堤溢流堰。竹枝堰位于北陡下游的弯道起始处，渠道水位高于堰顶时，多出的水量大部分从堰上溢流，保证北渠泄水通畅，保护急弯段渠道的安全。回龙堤是北渠接入湘江前的分洪渠道口，洪水期间，回龙堤将多余水量溢流越过堰顶，经分洪渠道泄入湘江故道，避免洪泛。

陡门的最早设置时间是唐朝宝历初年（825），目的是提高渠道行船安全度和增加通航时间。陡门是设在南渠和北渠的跌水处的单门船闸，亦称闸门、斗门，其作用主要是适当调整渠道水面坡降与航深以利通航。南渠和北渠的第一个陡门分别称为南陡和北陡，有历史可查的陡门北渠四座，南渠三十二座。陡门的主要作用有两个：一是，适当调整渠道水面坡降与渠道水深，利于行船。二是，海阳河枯水时，渠道引用流量不足，行船受到阻隔，南陡、北陡与铧堤一道起作用，将有限的水量蓄存在分水塘中，根据通航要求，进行水量泄放，延长枯水期灵渠的通航时间，或增加通航次数。陡门是用加工后的巨型条石在渠道浅水流急处两侧砌筑而成，形状有半圆、圆角方形、半椭圆形、梯形、月牙形和扇形等多种。多数为在渠道两岸砌筑半圆形的平台称为陡盘，在两个陡盘相对的弧边上，预留有安设陡杠的凹口，并凿有系绳固定塞陡工具的两个石孔。

秦堤是位于南陡下游，介于湘江故道与南渠之间的一道石堤，因始建于秦朝，故称秦堤。通常指南渠自南陡口至兴安城水街的一段东岸渠堤，长约 2 000 米，堤顶宽约 3 米，堤底宽约 7 米，高出水面约 1.6 米，其主要作用是保护堤岸。正值渠入口的关键部位，历来水灾先破秦堤，堤破则渠亡。秦堤两侧均用巨型条石砌筑，中填砾石。

知识链接

关于灵渠，还流传着一些神话传说。相传秦朝凿渠时，有一只猪婆龙成精作怪，堤岸刚修好，就被它破坏了。当时先后主持建堤的是张、刘、李三石匠。张、刘二人因建堤不成被杀，而李石匠坚持不懈，筑堤不止，感动了神仙。神仙便从四川峨眉山调来一块巨石，将猪婆龙镇住，渠道终于修成。李石匠不忍掠前人之功，自杀身死。后人将三位石匠合葬于灵渠岸边，称"三将军墓"，此墓至今犹存。"飞来石"就在秦堤之上，石上刻有明朝人严震直的《修渠记》以及"灵渠""飞来石""砥柱石"等题字。"飞来石"顶上有一株桂花树，亭亭玉立，奇趣横生。

远望秦堤，就像一道绵延的城墙，工程颇为壮观。

灵渠是我国乃至世界水利航运史上的一颗明珠，由相应的工程设施来保证它的正常运行。经过 2000 多年的风雨，今天所见的灵渠面貌是历代百姓创建、改进和完善的结果。灵渠的建筑布局体现了中国古代水利技术在世界的领先水平，它的发展和演进与中国水利工程技术的进步步伐相一致，是每一时期技术水平的写照。现灵渠渠道仍保存着秦朝开创时的原始走向形态，灵渠上的建筑设施乃是唐至清朝，更多的是明清时期灵渠航运时的形态特征。灵渠附属建筑设施除少部分被损毁外，其他基本保持原来的面貌。它的渠首工程主体铧堤（大小天平）是一座拦河大坝，坝顶全部可溢流，可以控制引水入渠的水位，与现代溢流坝比较，形态上虽有差异，但作用完全相同。南北两渠一系列建筑物安排得也非常巧妙与成功，其陡门是现代多级船闸的雏形，开世界运河史之先河。

灵渠神话

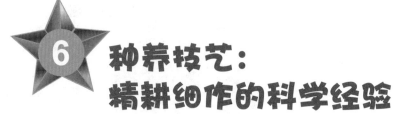

6 种养技艺：
精耕细作的科学经验

在漫长的农业历史发展过程中，以经验和手工劳动为基础，以精耕细作为主要特点的中国传统耕作畜养技术，曾经有过辉煌的成就，在世界上居于先进地位。这体现在从古至今的农业生产实践中，而且有着强大的生命力。

在我国早期的农业生产实践中，先民对农作物栽培技术、土地耕作方法、畜禽繁育与改良等进行不断地探索与总结，土壤的耕作、施肥、灌溉方法，农作物病虫害防治、良种选育和栽培，以及畜禽的饲养和管理，促进了各方面技术的逐步系统化，历代相传并指导农业生产实践。

病虫防治保丰收

自古以来，在农业生产的同时，我国劳动人民就同作物病虫害一直进行着不懈的斗争，对于所有以农立国的国家而言，病虫害防治都是一个永恒的话题。我国古代人民在防治作物病虫害方面，经过长期的实践和探索总结出农业防治、生物防治、天然药物防治、人工捕捉防治等综合防治方法。

农业防治伴随种植业的兴起而产生，在长期的农业生产实践中一直被用作防治有害生物的重要手段。农业防治就是在农作物生产过程中利用耕作栽培管理和抗病良种等技术措施，有目的地改变害虫生活条件和环境条件，使之不利于害虫而有利于农作物生长发育。在战国时期，我国劳动人民已经了解到深耕可以灭虫，适时播种可以抗虫。《齐民要术》《氾胜之书》《农政全书》等古农书中总结了一套通过精细耕作防虫的方法，对耕翻、轮作、适时播种、施肥、灌溉等农事操作和选用适当品种可以减轻病、虫、杂草的危害都有较详细的论述。徐光启总结了稻棉轮作防治病虫害的经验："凡高仰田，可棉可稻者，种棉二年，翻稻一年，即草根溃烂，土气肥厚，虫螟不生，多不得过三年，过则生虫。"冬灌也可防治虫害，"入春解冻，放水候干，耕锄如法，可种棉，亦不生虫"。冬灌既改变了土壤的物理性状，又消灭了越冬病虫及其残卵。易旱为水，破坏了已适宜棉田病虫害的生境，从而实现防治目的。清陈启谦在《农话》中记载了棉稻轮作防治地蚕，"棉田多地蚕，种稻则地蚕被水淹死，不复为害"。

知识链接

《氾胜之书》不仅有农作物的栽培理论及技术阐述，更有农业害虫防治内容。书中记载收完粟后改种麦的轮作制度会起到抑制虫害发生的作用，在瓜田中加种蓬菜或小豆，在桑间混种黍的田间间作套种能抑制害虫数量。书中认为深耕与晒冻土地可改变土壤的生态条件以达到抑制害虫生存的目的，合理灌溉能改变害虫生存小环境的科学措施抑制虫害。书中多次提到适时耕作以清除杂草有助于破坏害虫的生存环境，只有适时播种才能保证作物果实大又多且不易被害虫破坏。书中特别提到溲种法的种子肥料处理法可促进作物生长并提高其抵抗害虫侵害的能力，选用麦、粟等优良品种具有较强的抵抗虫害的能力。

　　我国古代劳动人民在长期生产斗争实践中，对生物防治积累了不少经验，发明创造了许多利用有益生物防治病虫害的技术。生物防治历史悠久，早在《诗经·小雅·小宛》就有"螟蛉有子，蜾蠃负之"之说，这是一种生物种间寄生关系，蜾蠃是一种寄生蜂，蜾蠃常捕捉螟蛉存放在窝里，产卵在它们身体里，卵孵化后蜾蠃幼虫就以螟蛉为食。304年，我国晋朝农民创造性地用黄猄蚁防治柑橘害虫，这可说是世界上早期经典的生物防治案例。到了明清时期，这一方法仍然普遍使用。此外，晋朝官府还颁布了保护益鸟的法令，通过保护益鸟来治虫。《本草纲目》（卷四十·虫部）生动地描述了庄周发现螳螂捕蝉、鸟吃螳螂等生物界相互的复杂关系，得出"物固相累，二类相召"理论。保护害虫天敌也受到了人民的重视，有"保护田禾，禁捕青蛙"的禁令，还有招引家燕在室内筑巢的习俗等。《新五代史》中记载，隐帝乾祐年间，因鸲鹆能食蝗虫，下令禁捕鸲鹆。

　　天然药物治虫的历史也很悠久，我国是世界上发现和应用害虫天敌最早的国家。战国时期已用莽草、嘉草、野菊等熏洒治虫，以后利用天然植物做药物的种类愈来愈多。药物防治方面，我国很早以前已应用盐水、石灰和草木灰防治病虫害。《齐民要术》的种瓜篇介绍过一种"瓜笼"病虫害，"凡种瓜法，先以水净淘瓜子，盐和之。盐和则不笼死"；又说"治瓜笼法"是"旦起，露未解，以枚举瓜蔓，散灰于根下。后一两日，复以土堆其根，则永无虫矣"，采用盐水浸种及散灰于根下的方法，既治瓜笼病虫害又不伤瓜。此外，为防止立秋后贮麦生虫，又有采用艾蒿为药物的，将麦种贮藏在用艾蒿茎秆编成的篓子里，或用艾蒿塞住窖口都可以有效防止生虫。汉朝用马粪或附子汁渍种的播前种子处理法，也是用天然药物防治害虫的记载。明清时期，在药物防治上创造了烟茎除螟并发明了砒霜除虫，《农桑经》内有世界上使用砒霜除虫的最早记载。

我国古代危害最烈的害虫首推蝗虫，其对农业生产造成毁灭性破坏，历朝各代都要花费大量的人力物力防治蝗灾。周桓王十三年（公元前 710）就有蝗害发生。785 年，"夏蝗东自海，西尽河陇，群飞蔽天，旬日不息，所至草木及畜毛靡有孑遗"。1359 年，"五月河东等处蝗飞遮天，人马不能行，所落河堑尽平"。清崇祯年间的三年（1634—1636）中，"荒旱不收，八年又遭蝗蝻，田苗尽食"。蝗灾主要发生在夏、秋两季，农作物轻则减产，重则颗粒无获，引发饥荒。

人工捕打蝗虫法是古代普遍使用的一种方法，工具简单，易于操作，小范围灭蝗效果显著。人工捕打蝗虫的方法在《捕蝗要法》《捕蝗要诀》《治蝗全书》等文献中多有介绍，具体方法有鱼箔法、网捕法、拍打法等。鱼箔法是利用鱼箔、布围等将蝗虫驱赶集中并进行捕打；网捕法是在蝗虫密集区内，持网人迎风奔扑，将蝗虫捕赶入网，加以捕杀；拍打法是利用竹搭子、旧鞋底拍打捕杀。

篝火诱杀、堑坎掩埋相结合灭蝗法。篝火诱杀法是利用蝗虫的趋光性来捕杀蝗虫，最早的篝火诱杀蝗虫记载见于《诗经》，"秉彼蟊贼，付畀炎火"。清朝李源在《捕蝗图册》中就提到在蝗虫密集的地方分段设灯，利用灯光吸引蝗虫，以便捕捉。《治蝗全法》中也有详细的记载，在天色黑透之后燃起篝火，蝗虫扑火，翅膀被烧，无法飞行，可以大量捕捉。《农政全书》对堑坎掩埋有详细记载，在蝗虫预期到达的地方事先挖一个深广各约 66.67 厘米的坑，坑间相距约 3.33 米等蝗虫到达之后将其驱赶进坑中进行掩埋，堑坎掩埋法是效果很好的灭蝗方法，被后世长期沿用。堑坎掩埋法和篝火诱杀法结合使用，灭蝗效果极佳。唐玄宗时期，宰相姚崇采用篝火诱杀和堑坎掩埋相结合灭蝗法，组织人们在黑夜燃起篝火，在火边挖坑，蝗虫扑火，就地掩埋。

我国古代蝗灾爆发频繁，在长期的抗蝗斗争中，创造性地开展了形式多样的灭蝗活动。古人早已认识到治蝗不如治蝻，治蝻不如除卵。掘除虫卵灭蝗最早见于《宋史·五行志》，徐光启在《除蝗疏》中也推荐该方法，建议趁冬天农闲之时掘除虫卵。顾彦在《治蝗全法》中认为捕捉蝗虫成虫不如捕捉蝻虫，捕捉蝻虫不如掘除虫卵。清朝人们还发明了用百部草浓汁、浓碱水、陈醋混合液杀死虫卵的方法。我国先民用家鸭消灭蝗虫取得不错的效果，《治蝗全法》《捕蝗图册》《捕蝗图说》都记载了用家鸭捕食蝗虫的方法。除家鸭外，不同历史时期人们还保护鸟卵、雏鸟、青蛙来间接消灭蝗虫。《农政全书》中提到在蝗灾之后要积极垦荒，一方面可恢复生产，另一方面可以消灭蝗虫的滋生地。《农政全书》中还说到在蝗灾之年，应主要种植绿豆、豌豆、豇豆、大麻、苘麻、芝麻、薯蓣等抗蝗作物品种抵御蝗灾。《元史·食货志》记载了通过耕地将虫卵暴露，利用自然条件将其杀死，在消灭虫卵的同时，可以肥沃土壤，有利于庄稼生长。

代田区田夺高产

我国黄河流域及其以北边区地带，雨量较少，气候干旱，尤其是春旱多风，对农业生产十分不利。针对这一实际情况，古人在总结前人经验的基础上，在汉朝创造了代田法和区田法两种著名的耕作栽培方法。代田法的倡导者是西汉中期的赵过，区田法的推行者为西汉晚期的氾胜之。两种方法都能够抗旱保墒，都是为了抗旱夺丰产，但在具体做法上又有显著区别。

代田法为在同一块田里进行垄沟互换种植作物的一种耕作技术，

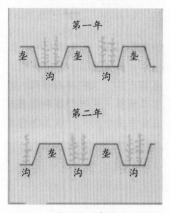

代田法示意图

是战国时畎亩法中"上田弃亩"的发展。据《汉书·食货志》记载，这种耕作栽培法的要点是：首先，开沟作垄，一亩地开三条沟，起三条垄，垄、沟各宽约33.33厘米，同时垄高约33.33厘米，沟深约33.33厘米。其次，当年在开沟作垄的基础上，将作物种子播种在沟里，待出苗后，需经常除草，并不断地用两边的垄土壅苗，直到夏季垄尽沟平为止。最后，次年在原来是垄的地方开沟，再依法种植。由于在同一地块上作物种植的垄沟隔年代换，所以称作代田法。"代田法"成为我国古代一个规模很大的技术推广范例，也是由于生产力发展应时而生的技术措施。

代田法通过垄沟互换的办法，实现了土地的轮番利用与休闲的原则。由于代田总是在沟里播种，垄沟互换就能使土地轮番利用和休闲，达到劳息相均、用养兼顾的目的。同时在肥料不足的情况下，可以使地力得到自然恢复和增强。将种子播种在沟里，由于沟里的土壤水分蒸发量较少，又有垄当风屏，所以沟里的土壤所含的水分要比垄上的多，对种子的发芽和幼苗的生长非常有利。中耕除草时将垄上的土培壅苗根，使农作物的根系扎得很深，从而扩大了作物吸肥吸水的范围，既能防风抗倒，又能保墒防旱。

代田法是西汉赵过推行的一种适应北方旱作地区的耕作方法，体现了耕作制度的改进。代田法在用地养地、合理施肥、抗旱、保墒、防倒伏、光能利用、改善田间小气候等方面可以说是精耕细作农业的典范，增产效果明显。在代田法耕作下，产量"超出常田一斛以上，善者倍之"。当时在关中地区试种，平均占地面积比不开沟起垄的

知识链接

代田技术综合反映了汉朝牛耕和农具改革的发展，这种新的生产技术是与利用新的动力和新的农具联系在一起的。赵过为了推广代田法，还大力改革农具，"代田法"不再是利用耒耜而是采用犁耕。赵过总结经验后，发明了耦犁，二牛三人，一次可耕成一条沟，同时又将沟中土壤翻到两边起垄，把工作效率提高了十几倍。随着耕地效率的提高，客观上要求改革落后的播种方法，赵过又在总结实践经验的基础上发明了耧车。

"缦田"可增产粮食约 13.5~27 千克，增产幅度达到 25%~50%。代田法由于适应当时生产力和生产技术水平，故推广得很快。在今河南、山西、陕西、甘肃一带都采用代田法，耗力少而产量高。

区田法是西汉后期出现的一种耕作法，是在小面积土地上夺高产的一种耕作方法。其基本原理就是"深挖作区"，密植，集中而有效地利用水、肥，保证充分供给农作物生长发育所必需的生活条件，以取得单位面积的高产。区田法与自耕农缺乏耕牛和新农具，且土地少、质量较差的情况相适应。

区田法是西汉著名的农学家氾胜之在总结关中地区农民丰产经验之后而创造的一种精耕细作、防旱保墒的栽培方法。有关"区田法"的种植技术，最初都收集在《氾胜之书》一书中，北魏贾思勰所著《齐民要术》对"区田法"的推介也都出自该书。贾思勰也做了新的"区种"试验和技术改进，并使这项农业技术推广到北方的广大地区。

根据《氾胜之书》记载，氾胜之首先提出了农作物耕作栽培的整体观念，强调作物生长的各种条件和经营管理各个环节的适当配合。他指出，要想丰产就必须正确地结合气候时令、耕和土壤、施用肥料、灌溉保墒、中耕除草、及时收割。区田法就是根据这一原理，在小面积土地上集中使用人力物力，即经济用水、集中施肥、配合深耕以保证农作物生长发育的必需条件，发挥农作物的最大生长能力而获得高额丰产。

《氾胜之书》总结了区田的两种布置方式，两种方式的原理基本相同。一为宽幅区种法（带状区田），即把种子播在长条的浅沟里，和代田法将种子播在沟里的情况相似，主要用于平地。一为小方形区种法（方形区田），即先深挖做成方形小区，方区的大小、深度以及区与区之间的距离，要依土壤肥瘠程度和栽培作物的不同而定。一般情况下，肥沃的土壤所作区数较多，反之则少。

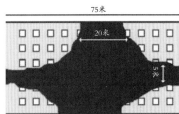

窝状区种法上农夫区的田间布置

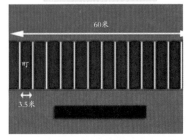

区田法示意图

区田法综合运用了当时精耕细作原理和技术成就，据《氾胜之书》记载，区田法适用于山地、丘陵地、坡地等，其特点是"不耕旁地，庶尽地力"，就是说区田法只进行区内的局部耕作，而不耕区外的地。在深耕的基础上，采用等距点播的方法，实行合理密植，然后采取增肥灌水的方法促进作物生育，并通过加强田间管理来实现农业丰收。

区田法与代田法相比，两者有同有异。区田法和代田法都属于精耕细作范畴的耕作栽培法，都着眼于抗旱高产。但代田法在争取提高单位面积产量的同时，还力求提高劳动生产率；它对牛力和农具的要求较高，适合于较大规模的经营。而区田法则着重于提高劳动集约的程度，力求少种多收；由于它"不耕旁地""不先治地"，所以并不一定采用铁犁牛耕，但施肥、灌溉、管理却要求投入大量的劳力；相比之下，它更适合缺乏牛力和农具、经济力量薄弱的小农经营。区田法所包含的精耕细作技术和少种多收方向等合理因素被后来的农业生产所吸引、继承和发展，但它的具体方式却未能大规模推广，始终未能超出小面积试验的范围。

复种轮作增产量

一个地区的某一个时期，应该采用哪一种耕作制度，是决定于当地的自然条件特点和当时的社会经济状况。一个地区所存在的各种耕作制度是比较固定的，但不是一成不变的。人类为了更充分地利用土地及气候等自然条件和满足社会市场的需要，总是不断地改变耕作制度，使它得到完善和发展。复种、轮作即是我国耕作制度的典型方式，是根据作物的生态适应性与生产条件采用的主要种植方式。

复种是指在同一田地上一年内接连种植两季或两季以上作物的种植方式。如麦—棉一年两熟，麦—稻—稻一年三熟。此外，还有两年三熟、三年五熟等。上茬作物收获后，除了采用直接播种下茬作物于前作物茬地上以外，还可以利用再生、移栽、套作等方法达到复种目的。轮种是指在同一田块上有顺序地在季节间和年度间轮换种植不同作物或复种组合的种植方式，也称为倒茬、换茬。轮种是用地养地相结合的一种生物学措施。复种轮作制是在战国末期连作制的基础上创造的，以后各代继续发展，逐渐完善建立起来。

我国的复种轮作制，大约产生于春秋战国时期。《吕氏春秋·任地篇》提道"今兹美禾，来兹美麦"，这说明我国早在春秋战国时期就创始了复种轮种制。《管子·治国》中说："常山之东，河汝之间，蚤生而晚杀，五谷之所蕃熟也，四种而五获"，这是我国古代关于复种制的最早记载。说明当时在黄河与汝河之间，由于气候温和，有较长的生育期，五谷生长发育良好，有四年五熟的。

早在秦汉时期，北方地区已初步发展了轮作复种的两年三熟制。西汉时期，关中地区已经有了谷子和冬麦之间的轮作复种，东汉时期汉水流域开始出现稻麦轮作复种的一年两熟。《周礼·稻人》注中就有麦豆谷轮作复种的两年三熟制的说法，"芟刈其禾，于下种麦也"和"芟夷其麦，以其下种禾豆"，也就是粟收种麦，麦收种粟、豆的复种。在张衡所著的《南都赋》中，记述了"冬稌夏穱，随时代熟"，可以看出东汉时南阳地区可能已产生麦稻轮作复种的一年两熟制。据杨孚《交州异物志》中说的"交趾稻，夏冬又熟，农者一发再种"，这是岭南地区双季稻的最早记录。从《氾

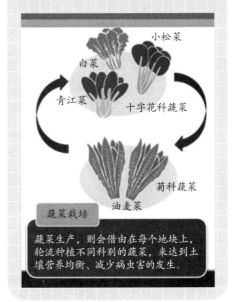

白菜　小松菜

青江菜　十字花科蔬菜

菊科蔬菜

油麦菜

蔬菜栽培

蔬菜生产，则会借由在每个地块上，轮流种植不同科别的蔬菜，来达到土壤营养均衡、减少病虫害的发生。

149

胜之书》的记载看，秦汉时期黄河中下游地区已有复种轮作制。当时的黄河流域主要是实行一年一熟的连种制。在某些采取精耕细作的耕地，如人工深翻灌溉的区田中，可能实行两年三熟制。

魏晋南北朝时期，复种轮作制又有所发展。北方因为战乱，荒地较多，复种制进展不大，但轮作制有了大的发展，南方复种轮种则跨入新的阶段。北魏《齐民要术》中有"谷田必须岁易""麻欲得良田，不用故墟""凡谷田，绿豆、小豆底为上，麻、黍、故麻次之，芜菁、大豆为下"等记载，已指出了作物轮种的必要性，并记述了当时的轮种顺序。《齐民要术》中对轮作复种的理论与技术进行了总结，初步阐明了合理轮作是消灭杂草、减轻虫害、提高产量的重要措施，肯定了豆类作物在轮作中的地位，确立了豆谷轮作的格局，并总结了绿肥轮作的经验，为粮肥轮作复种奠定了基础。

隋唐时期，中国的经济重心南移，南方的轮作复种制也进入了一个新的发展时期，南方的双季稻栽培和麦稻轮作复种一年两熟都有较大发展。唐朝以后，河南南阳一带的麦—稻两熟制和南方双季稻相继出现。

宋朝，江南稻麦两熟制已经形成并推广开来，是我国耕作制度上的一项重大进步，使土地利用率提高了一倍，粮食产量也大为增加。南宋时，我国南方不仅发展了稻、豆、麦、菜之间轮作复种的多种一年两熟制，而且出现了水稻间套复种的一年三熟制。

自明朝至清朝，又先后出现了绿肥—稻—豆三熟制和麦—稻—稻三熟制。这一时期，北方除了继承和发展了小豆、绿豆与小麦轮作复种的经验以外，还总结了草田轮作的经验。南方则发展了水稻与翘尧、陵苕轮作复种，棉花与黄花苜蓿草轮作复种的经验。

我国各地的复种方式，因纬度、地区、海拔、生产条件而异。大致在作物能安全生育的季节种一熟有余、种两熟不充裕的地区，多采用二茬套作方式，以克服前后作的季节矛盾，或在冬作收获后，夏季播栽早熟晚秋作物。在冬凉少雨或有灌溉条件的华北地区，旱地多为小麦—玉米两熟、小麦—大豆两熟，或春玉米—小麦—粟两年三熟。在冬凉而夏季多雨的江淮地区，普遍采用麦—稻两熟，或麦、棉套作两熟。在温暖多雨、灌溉发达的长江以南各省及中国台湾等地，稻田除麦—稻两熟、油菜—稻两熟和早稻—晚稻两熟外，盛行绿肥—稻—稻、麦—稻—稻、油菜—稻—稻等三熟制，华南南部还有三季稻的种植。旱田主要采用大、小麦（蚕豆、豌豆）—玉米（大豆、甘薯）两熟制，部分采用麦、玉米、甘薯套作三熟制。

合理的轮作有很高的生态效益和经济效益。合理的轮种制度有利于防治病虫害，将感病的寄主作物与非寄主作物实行轮作，可消灭或减少病菌在土壤中的数量，减轻病害。对损害作物根部的线虫，轮种不感虫的作物后，可使其在土壤中的虫卵减少，减轻危害。轮作是综合防除杂草的重要途径，因不同作物栽培过程中所运用的不同农业措施，对田间杂草有不同的抑制和防除作用。轮作可以均衡利用土壤养分，两类作物轮换种植，可保证土壤养分的均衡利用，避免其片面消耗。根系伸长深度不同的作物轮作可以调节土壤肥力，因浅根作物的溶脱作用使养分向下移动至深层土壤，轮作深根作物后则可以使深层土壤的养分得到充分利用。轮作豆科或牧草等固氮作物，可借根瘤菌的固氮作用，补充土壤氮素。

培肥施肥提地力

肥料是通过改善土壤性质，提高土壤肥力水平，从而为作物生

知识链接

复种轮作制是我国耕作制度沿着高度集约利用土地的方向发展的重要标志。在正确处理用地和养地关系方面，确立了"充分用地、积极养地、用养结合"的原则。几千年来，在土地连种、轮作复种、间作套种、充分用地的条件下，采取"用中有养、养中有用、用寓于养、养寓于用"这种用养结合的办法，长期保持土壤肥力常新。在发扬精耕细作传统的同时，注意与现代农业技术特别是农业机械化相结合，因地制宜地提高复种指数，实行复种轮作制，将是中国主要农业耕作制度发展的基本方向。

小麦—玉米两熟制

豆科作物与其他作物

豆科作物与其他作物轮作，豆科作物可与根瘤菌共生，有固氮作用，由空气中捕捉作物生长很重要的氮素，可以减少肥料的施用量，均衡土壤的营养。

长提供一种或一种以上必需的营养元素。当土壤里不能提供作物生长发育所需的营养时，就需要采取人为方式对作物进行营养元素的补充，这一行为也就是通常所说的施肥。施肥是保持土壤肥力和促进农业增产的技术措施，将肥料施于土壤或植物中，以提供养分、保持和提高土壤肥力。施肥的原则是：以一个轮作周期中的主要作物为重点，同时适当照顾其他搭配作物，以求均衡高产；兼顾作物的产量和品质，着眼于用地与养地相结合，并防止土壤污染；注意肥料的经济效益和降低成本。

我国古代劳动人民在土壤耕作过程中，非常注意采用各种技术对土壤性质进行改良，以期土壤保持长久不衰的肥力和高产出率。早在西周时期，人们就已知道田间杂草在腐烂以后，有促进黍稷生长的作用。战国时期，人们已经知道施肥具有养地和促进作物增产的作用，"多粪肥田"就是对施肥养地的深刻认识和经验总结。汉朝的人们对于提高土地肥力有更深入的思考和更多的方法，王充在《论衡·率性》篇中指出："夫肥沃墝埆，土地之本性也。肥而沃者性美，树稼丰茂。墝而埆者性恶，深耕细锄，厚加粪壤，勉致人功，以助地力。"

关于施肥，在我国一些古农书中有很多的记载，形成了我国古代肥料学说的特点。《氾胜之书》指出了耕种的根本原则和环节，在于因时、因土制宜，抓好肥、水及早耕锄和收获；书中对各种作物都强调要施用肥料，提到的肥料有蚕矢和熟粪；提到当时最常用的"溲种"施肥法，即在种子上黏上一层粪壳作为种肥。《齐民要术》一书对肥料种类、施肥方法和肥料效果有较为具体的叙述，详细介绍了种植绿肥的方法以及豆科作物同禾本科作物轮作的方法等，还提到用作物茎秆与牛粪尿混合后经过践踏和堆制而成肥料的"踏粪法"。《王祯农书》指出了施用肥料与培肥土壤、改良土壤的关系，提出在土地常年利用中施肥是保持土壤肥力的必要措施，书中所提到的肥料种类有踏粪、苗肥、草粪、火粪（熏土）各种动植物残体、泥肥、石灰等。《沈氏农书》强调养猪积肥是水稻施肥的主要来源，认为追肥要按水稻生长发育季节施用，而且要看苗施肥。

我国古代劳动人民在土壤耕作过程中，通过实践逐渐认识到通过施肥可以改良土壤和培肥地力，提出了"地力常新壮"这一重要的古代农田施肥理论。《陈旉农书》指出只要采取施肥等措施就可以使土壤更加"精熟肥美"，达到"地力常新"，绝不会造成地力衰退的现象，这就是人们所熟知的"地力常新壮"理论。认为"土壤气脉，其类不一，肥沃硗埆，美恶不同，治之各有宜也"。只要"治之得宜"，把施肥当作用药一样，对症下药，如果能做到这样，土壤肥力不但不会减退，而且能够不断地提高。与此同时根据当时当地的情况，采用客土和施肥两种方法来改良土壤，以达到土壤"精熟肥美"，永远保持新壮。

我国种稻历史久远，传统稻区地力旺而不衰，原因是措施得力。我国古代培肥稻田土壤主要有耕作、施肥、灌溉等多种措施。耕作包括晒垡、冻垡及深耕熟犁，施肥方面特别强调"因土施肥"，灌溉则要求注意水温的调节。耕作是培肥稻田土壤的重要措施，耕作可使"土壤松碎时""（土壤）膏脉释化""水稻行根周身适意""害稼诸虫及子尽皆冻死"等。通过耕作可提高稻田土壤耕性，有利于水稻生长。冬季前将土壤耕翻进行冻垡，使土壤反复冻融而达到松碎，还可冻死病虫及杂草。通过深耕熟犁，使土壤细碎，土壤养分才能够充分地释放出来。利用阳光晒透土壤，晒垡具有熟化土壤的作用，无机肥俗称"化肥"，常见的有氮肥、磷肥和钾肥。氮肥有促进枝叶繁茂的作用；磷肥有促进花色鲜艳及果实肥大的作用；钾肥可以促进枝干及根系健壮的作用。与有机肥比较，化肥养分含量高，肥效快，清洁卫生，施用方便。不足之处在于，养分单纯，持效时间短，长期使用容易造成土壤板结，最好与有机肥混合施用，效果更好。

有机肥

使土壤养分能更大程度地释放出来。强调施肥改土要依土壤性质而定，不同的土壤应施以不同的肥料，因土施肥就如"随土用粪，如因病下药"。合理灌溉，就是通过对水的控制，改善稻田空气和温度状况，加速养分的转化。

农谚"庄稼一枝花，全靠粪当家"道出了施肥对庄稼生长的重要性，培肥施肥是我国传统农业由粗放耕作向精耕细作发展的重要体现。古人将肥料称为"粪"，主要是指有机肥料。粪肥种类多，来源广泛。人畜粪便是我国使用最早、施用最广泛的有机肥料，"涵中熟粪"就是指腐熟的人畜粪便，并早就认识到人畜粪便施用前必须先经腐熟。草木灰是先民最常施用的有机肥料之一，草木灰来源于清除田场上的树木杂草、残枝败叶及日常生活以植物藁秆为燃料焚烧后的灰烬，"以灰为粪"起到肥料的作用。绿肥是中国传统的重要有机肥料之一，"草秽烂皆成良田"是说以自然生长的青草为绿肥而压青改土，并在实践中认识到栽种绿小豆等豆科植物为绿肥有较高的肥田作用。在我国古代很早就把蚕沙用作肥料，蚕沙是蚕粪、蚕蜕和食残桑叶碎屑的混合物，是肥效很高的有机肥料。古人用油饼作肥料有悠久的历史，油料作物种子榨油后所得的油饼有一部分用作有机肥料。《天工开物》有"江西人壅田"时施用骨灰作为有机肥的记载，施用烧制的骨灰达到施磷肥的目的。河塘泥中含有较多的肥分，五代时期江南地区就较普遍地施用河塘泥作肥料。

肥料是增加土壤养分的关键，能够提高农作物产量和质量。肥料无论是在古代还是现代，在农业生

有机肥

产中都占据重要地位。科学施肥能够有效提高土壤的肥力，我国在农业发展中要加大对新型有机肥料的研究和投入，构建科学施肥推广体系，解决农户施肥问题。要合理利用现有土壤中的养分，及时合理补充稀缺养分，采用科学合理的施肥方法，从而提高农作物产量和品质。

畜禽管理显效益

随着生产力的发展，我国先民在长期的实践过程中积累了丰富的畜禽饲养管理技术经验，畜禽饲养业在社会经济中取得了很好的经济效益。我国古代畜牧业的迅速发展，具体表现在马、牛、羊、猪、狗、鸡等畜禽的饲养管理技术。

从目前的考古材料看，人类在新石器时代中期就已开始定居放牧。河姆渡遗址中曾经发现直径为 1 米左右的畜圈，推测可能也是豢养家畜的地方。陕西西安半坡遗址发现两座长方形畜圈，围有木栅以圈牲畜。陕西临潼姜寨遗址也发现两座略呈圆形，直径约 4 米的栏圈，栏中有畜粪堆积，很能说明是畜圈。圈养方式对牲畜的肥育、配种和繁殖都有重大作用，它标志着原始畜牧业已取得了很大进步。

商周时期，畜牧业在社会经济中已经开始占有重要地位，圈养、厩养和放牧牲畜都比较普遍。商朝各种牲畜除食用和祭祀外，马和牛等大牲畜就逐渐被用作军事、交通、狩猎和农耕的动力。从出土的甲骨文中，有表示将牛、羊、马、猪等牲畜关在圈栏内驯养的象形文字。甲骨文卜辞中还有"卜贞从牧，六月""辛酉又其豢""今夕其雨，获象""土方牧我田十人"等有关畜牧业生产的简单记载，说明饲养牲畜已采用圈养和放牧相结合的方法。商朝已经发明了阉割术，已能对马、猪等家畜进行阉割，以便改良品种和提高肉的质量，是畜牧技术史上的一项重要成就。《周礼·夏官》有"夏祭先牧，颁马，攻特"，即为马的阉割。《易经》有"豮豕之牙吉"，《礼记》有"豕曰刚鬣；豚曰腯肥"，《左传》也有"豕曰腯"等有关猪的阉割技术的记载，可见商周时期阉割术不仅已经出现而且还有相当的发展。

春秋战国时期，畜牧业出现大发展的好态势。设立专门的畜牧机构，如"校人""牛人""羊人""牧师"等职官来负责管理畜牧业。湖北云梦睡虎地秦墓出土的秦简《厩苑律》，就是世界现存最早的畜牧法规。人们对畜牧业日益重视，《墨子·天志篇》就说"四海之内，粒食之民，莫不犓牛羊，豢犬彘"，《管子·七法》则强调"六畜不育则国贫而用不足"。当时人们已经懂得畜牧业与种植业互相促进以及可增加收入的道理，《荀子·荣尊篇》也说："今人之生也，方知畜鸡狗猪彘，又畜牛羊"。春秋战国时期应是我国兽医学正式确立的时期，对家畜疾病的防治，也出现了专业化。《周礼·天官·冢宰》已有"兽医"一职，"兽医，掌疗兽病，疗兽疡"。疗兽病的方法是"灌而行之，以节之，以动其气，观其所发而养之"，疗兽疡的方法是"灌而劀之，以发其恶，然后药之，养之，食之"。为了鉴定马的优劣，春秋时期出现了相马专家。秦国有伯乐并著有《相马经》，战国的十大相马家以相马的个别部位而著名，相马术的出现可视为我国家畜外形鉴定学的发端。战国时期，北方少数民族已经繁育骡子，当时称为赢。《说文》指出"赢，驴父马母"，是由马和驴杂交而生，继承了马和驴的优良性状，这是畜牧史上的重大成就之一。

秦汉时期，畜牧业的发展尤其表现为养马业的兴盛、养牛业的重视、养羊业的发展、养猪业的发达和养鸡业的进步。秦建立了专门的畜牧业的管理机构，制定马政条例，以太仆卿掌管国马，在各郡设立了牧师苑，还制定了我国最早的畜牧法《厩苑律》。秦朝主要饲养西戎马和蒙古马，采用牧养和厩养相结合的养马方式。汉武帝大力发展战马，改良马种，从西域引进优良种马，外来良马对改良马种起了重要作用。为了发展养马业，西汉政府还从大宛引进优质饲草苜蓿，这是我国畜牧史上的重大事件之一。秦政府制定的《厩苑律》，对饲养牛马都有严格的法律和有效的措施。秦从中央到地方都设有一系列的养牛管理机构，维持完善的牛政制度。西汉以养羊出名而拜官的卜式，他养羊注意饲养管理、定时喂养、淘汰劣种和病羊，使羊群得到健康的发展。秦汉时期，通过人工选育已经培育了不少猪的良种，郭璞注《尔雅·释兽》有豵、豟、豥等不同形态的猪种。汉朝也已大量采用圈养方式，由于圈养必须加强人工喂饲，汉朝创造了一些用农副产品喂养的经验。《氾胜之书》提到用瓠瓢喂猪致肥，《神农本草经》载有用梓叶和桐花饲猪"肥大三倍"等。当时已经注意家畜需要补充矿物质饲料，《淮南子·万毕术》中载有"麻盐肥豚豕法"，麻子含油率高，猪易吸收油脂而致肥，是催肥的精料，盐可增加适口性，又有助消化。

秦朝绿釉带厕陶猪圈

魏晋南北朝时期，北方游牧民族陆续迁入黄河中下游及西北广大农业区，促进了我国畜牧业的发展。北魏在饲养、放收、阉割、兽医等方面都积累了丰富经验，《齐民要术》提出"三刍"和"三时"饲养法，"三刍"是指将饲料分为粗、中、精三等，"三时"指马的饮水分为朝饮、昼饮和暮饮三个时间。据牲畜的饥饿程度喂以精粗不同的饲料，按时间的早晚给饮不同的水量，符合现代饲养学原则。对于肉用的牲畜采取阉割、圈养等方法，加快育肥，提高出肉率。"犍者骨细肉多，不犍者，骨粗肉少"，也就是通过阉割，使牲畜生殖机能消失，性情温驯，便于管理、肥育和提高肉的质量，也可防止劣种公畜的自由交配，有利于畜种改良。魏晋南北朝时期，养猪饲养技术大有提高，采用放牧和饲养相结合的方法。"春夏草生，随时放牧"，放牧的优点是既可节省饲料，又可因猪在外活动，多见阳光而增强体格，等冬天进行舍饲，喂以精饲料，猪就容易长膘，再因圈小活动量减少，营养转化为肌肉和脂肪，肥育得更快。随着魏晋南北朝养鸡业的发展，养鸡技术也不断提高。晋朝已有栈鸡技术，利用限制鸡运动的方法，使之减少消耗而加速肥育。

隋唐时期，对畜禽饲养依然十分重视。隋文帝曾经将五千头官牛分给贫困的农户，以资助畜牧。唐朝对马政极为重视，中央设太仆寺、驾部、尚乘局和闲厩使，地方设监苑，形成严密的监牧制度。唐朝以西北地区作为养马基地，在今甘肃、陕西、宁夏、青海等地分设 48 个监牧，还在全国各地建立了 60 余个监牧所。唐朝建立了完备的登记马种优劣的马籍制度，把马的良驽羸弱区别开来，不但为了征调的方便，还具有存优去劣的意义，同时也为马匹的良种繁育创造了有利条件。唐朝在马匹良种繁育方面有突出成就，为改良国内马种从西方输入大批马种进行杂交，还从突厥引入蒙古马在西北地区繁育。在饲养管理方面，畜牧业的组织管理工作比较完善，监牧牲畜的组群规模、仔畜繁殖的成活率、成畜损亡率，制订劳动定额、草料定额、成绩考核以及奖惩制度等。唐朝有一支专门的兽医队伍，在太仆寺内及尚乘局中设有专职兽医，还在太仆寺内设立兽医教育机构。唐朝养羊业相当发达，已经培育出许多品质优良的羊种，如河西羊、河东羊、濮固羊、沙苑羊、康居大尾羊、蛮羊等。

宋元时期，畜牧业继续发展，饲养技术有明显的进步。整个社会对养牛特别重视。在饲养方面精心喂料，草铡细，料磨碎。在役使方面，要注意气候寒暖，避免使用过劳。宋元时期，各地农村已有专门替人诊治牲畜疾病的"兽工"，兽医行业有很大发展。宋元的养猪技术，利用萍藻和水生植物饲猪，扩大了饲料来源，"取萍藻及近水诸物，可以饲之"。利用各地自然资源，发展山区养猪，"养猪，凡占山皆用橡食，或食药苗，谓之山猪"。《王祯农书》还提到用发酵饲料喂猪的经验，"马齿……以浴槽等水浸于大槛中，令酸黄，或拌麸糠杂饲之，特为省力，易得肥腯"，这是养猪技术史上的一项新创造。经过长期的风土驯化，北方的绵羊逐渐适应南方的水土，终于培育成耐湿热的著名品种——湖羊。《调燮类编》记载用人工换羽的办法使鹅延期产卵，"拔去两翅十二翮以停之，积卵腹下，候八月乃下"，这是人工换羽控制产卵时间的最早记载，反映了宋元时期家禽饲养技术已达到相当高的水平。

明清时期，家畜繁育和饲养取得一定的成就。利用杂交优势繁育家畜，藏族同胞用牦牛与黄牛杂交育成犏牛。养羊技术得到进一步的提高和发展，推广栈羊法以催肥商品羊。明清时期，养猪业也有很大的发展。《豳风广义》《三农纪》等农书记载猪饲料可归纳为青饲料、水生饲料、枝叶饲料、发酵饲料、干草、块根饲料、矿物饲料以及泔水、糟水、豆粉水等，猪饲料广泛而多样。在饲养管理方面，强调"圈干食饱"和"少喂勤添"的原则。明清时期，对耕牛的饲养强调要注意耕牛的特性，"牛畏热，又畏寒"，需加以精心护理。农家养牛要"惕其性情，调其气血，慎寒暑"，强调了解家畜的生理规律和生活习性的重要性。

明清时期，养鸡业较发达，家禽的饲养管理技术有比较突出的成就。明朝发明了造虫法，用以补充母鸡的蛋白饲料，提高产卵率，并且总结出一整套利用增加饲喂次数，多喂精料，限制运动和光照来进行家禽的强制肥育法。家禽人工孵化发展为专业化的行业，出现了"孵坊"，进行商品化生产。人工孵化家禽的技术居于世界领先地位，"照蛋"法开创家禽人工孵化的看胎施温技术，火菢法更使人工孵化技术达到成熟阶段，还发明了种蛋孵化后期的"嘌蛋"运输方法。

明朝初年，特别重视养马业。设太仆寺和掌管养马事宜，督促民间养马。在各边要省区设立许多监苑所，在少数民族地区推行茶马互市制度。明朝重视兽医事业，大量翻刻前朝兽医书，重视兽医人才的培养，选拔"俊秀子弟"学习兽医，并规定兽医的子弟继续习医，涌现出一批优秀兽医专家。积累了马的配种季节、年龄和妊娠期的观察及饲养等方面的经验，《马书》要求配种季节在春季进行，对种马的饲养要求加喂精料以及把母马妊娠期分为"定驹""显驹""重驹"三个阶段进行观察，而《马政记》要求配种年龄为公马十八岁以上，母马二十岁以上。

知识链接

清朝著名的农桑学家杨屾（1688—1785）著《豳风广义》，总结了明清时期农家养猪的实践经验，概括为"七宜八忌"。宜"冬暖夏凉""窝棚小厂""饮食臭浊""细筛拣柴""虱"去"贼牙""药饵避瘟""以苍术贯众捣为细末，三五日和入食中"，忌"牝牡同圈""圈内泥泞""猛惊扰乱""急骤驱奔""饲喂失时""重击鞭打""狼犬入圈""误饲酒毒"。由此可见，明清时期对猪的饲养管理技术已达到很高的水平，这些经验对今天的养猪业仍有借鉴继承的价值。

清乾隆丁未年（1787）的《鸡谱》是一部罕见的中国古代养鸡专著。全书共五十一篇，约一万四千字，论述了斗鸡外貌的鉴定、良种的选配繁育、饲养管理和疾病防治、种卵的孵化和雏鸡饲育以及对阵斗鸡的选择和对阵后的处理。它以根据家禽的生长发育规律和环境条件变化的关系，以合理科学饲养管理为指导思想，联系鸡的生长发育和习性，讨论了雏鸡、老鸡的不同饲养管理特点，论述了食料、水、阳光、季节、沙土的变化与养鸡的关系，对我国历代养鸡经验进行了一次系统理论总结，成为迄今所见唯一关于中国古代养鸡学的专著，充分反映了明清时期我国养鸡科技发展的水平。

选种育种出新品

种子是经过一系列科学培育，具有很高的增产潜力和优良品质的生产资料，经营农业首先要选好种子。作物长势优劣，农业丰歉，种子是先决条件。选种育种是我国农业生产一项优良的传统，古代农业生产者很早就重视选种和良种繁育。在漫长的农业生产实践中，我国先民创造和培育出种类繁多、各具特色的农作物品种，积累了对农作物品种的知识和选种标准、选种方法及品种保纯等选种育种经验，丰富的作物品种资源在农业增产上发挥了重要作用。良种选育包括两个方面，首先选择作物、林果等优良个体进行再繁殖，然后培育出性能更佳的新品种，也就是在选择优良种子的过程中逐步培育出新品种。我国选育良种的工作很早就已开始，选种历史与农业发展历史相伴随。

早在西周时期就已注意农作物的选种和育种，选种和育种主要从产量高低、品质好坏和熟期早晚进行选择。《诗经》的许多诗篇中多处记载农作物品种及选用良种。在诗句"诞降嘉种，维秬维秠，维穈维芑"中，"嘉种""嘉谷"就是现在所说的良种，"秬"和"秠"指的是两个优良的黑黍品种，"穈"和"芑"指的是"赤苗粟"和"白苗粟"两个优良品种。诗句"种之黄茂，实方实苞，实种实褎，实发实秀，实坚实好，实颖实栗"说的就是选用良种及好处，"种之黄茂"是指要选用既光亮又美好的种子，"实方实苞"是说要选用肥大和饱满的种子，"实种实褎，实发实秀"指的是播种良种才能长出苗壮、整齐、均匀的禾苗，"实坚实好，实颖实栗"说的是选用良种既能长出好苗也就能结出穗子硕大和籽粒饱满的果实。诗句"黍稷重穋，稙穉菽麦"中，"重穋"是生长周期不同的两类品种，重是指先种后熟的谷物，穋是指后种先熟、生长期短的谷物；"稙穉"是早期种植和晚期种植的两类品种，稙是早种的谷物，穉是晚种晚熟的谷类。

春秋战国时期，铁制农具的使用表现出农业生产技术水平的提高，对农作物选种和品种在提高产量中的作用有进一步的认识，并培育出了更多的农作物品种。《管子·地员》记载的 18 种土壤中，每种土壤上都有两种适于栽培的作物和品种，当时人们对品种与地区土壤的适应关系也已有较深的认识。最古老的农学著作《吕氏春秋》对选种提出了具体要求，提出"子能使藁数节而茎坚乎""子能使穗大而坚均乎""子能使粟圜而薄糠乎""子能使米多沃而食之强乎"的问题都与选种有关。在《吕氏春秋》的任时篇、审时篇中，分别提出了禾、黍、稻、麻、菽、麦等作物的选种原则和选种标准。根据当时的选择标准，有株选、穗选、粒选。对株高、株型、叶姿、穗长、粒型、播种期、抗虫性、品质等性状都有要求。

知识链接

建立"留种田"是魏晋南北朝时期在良种繁育技术方面的重要措施，《齐民要术》最早总结了建立"留种田"的良种繁育经验。建立"留种田"繁育良种的技术要点有：各种作物的种子都要"岁岁别收"，强调种子要单收、单打、单藏，严防种子混杂，保持种子的纯洁性，以免因品种混杂引起种子退化；良种的必备条件是穗大、粒饱、色纯；田间穗选的种子收获后要连续选种获取良种，来年再在大田中大面积播种；做到良种和良法相结合；种子收获后要晒干扬净，妥善保存，并且要注意防杂保纯。这些保持良种优良种性的重要措施把良种选育和良种繁育紧密结合起来，充分发挥了良种在农业增产上的重要作用。

秦汉时期，选种育种又大有发展。汉朝在选种技术上已经普遍采用田间穗选的方法，《氾胜之书》记载了汉朝开始采用田间穗选技术和干燥防虫的种子贮藏技术。"取禾种，择高大者，斩一节下，把悬高燥处，苗则不败"，这是我国有关穗选法的最早记载。"取麦种，候熟可获，择穗大强者"，在选种技术上已经普遍采用田间穗选的方法，选择标准是植株高大或穗大强者。

魏晋南北朝时期，农作物品种类型丰富。北魏《齐民要术》记载了当时选育的各种作物良种，有粟良种、黍稷良种、粱秫良种、大豆良种、大小麦良种、水稻良种、胡麻良种、瓜菜良种、枣良种、芋良种等。书中记载了86个品种，成熟期有早晚之别，产量有高低之分，口味有恶美之异，并有耐旱、耐水、耐风、耐病等记载。在良种繁育技术方面，重要措施就是建立"留种田"。

隋唐以后，对农作物选种育种的认识和技术继续发展。唐朝不仅继承了田间穗选、建立留种田、注意防杂保纯等技术，而且提倡窖藏种子的方法。唐朝和元朝农书都在不同程度或不同角度上继承和发展了魏晋南北朝时期的选种育种技术。唐朝郭橐驼在《种树书》中详尽记述了各种果树的插枝、移植、压木和接术的方法及技术，同时还系统地记述了各种果树之间的嫁接。宋朝刘蒙不但知道植株变异和生存条件之间的关系，而且还阐明了变异能形成新品种。元朝鲁明善《农桑衣食撮要》中"收五谷种"说："拣择好穗刈之，晒干打下，簸去浮秕。"元朝王祯曾明确指出作物由于播种期的不同或栽培条件的改变而发生变异，在《农书》中说："种杂者，禾则早晚不均，舂复减而难熟，特宜存意拣选。常岁别收好穗纯色者，劁刈悬之，又有粒而或笪或窖者"。

明清时期，选育和繁育良种的理论和技术方面又有许多新发展。

明朝耿荫楼在《国脉民天》中总结的有关"养种"的理论和技术：

耕作图

凡五谷、豆果、蔬菜之有种，犹人之有父也。地则母耳。母要肥，父要壮，必先仔细拣种。其法：量自己所种地，约用种若干石，其种约用地若干亩，即于所种地中拣上好地若干亩。所种之物，或谷或豆等，即颗颗粒粒皆要仔细拣肥实光润者，方堪作种用。此地比别地粪力、耕锄俱加数倍，愈多愈妙。其下种行路，比别地又须宽数寸。遇旱则汲水灌之，则所长之苗，与所结之子，比所下之种更加饱满。又照后晒法加晒，下次即用此种所结之实内仍拣上上极大者作为种子，如法加晒、加粪、加力，其妙难言。如此三年三番后，则谷大如黍矣。

以上详细介绍了粒选技术，拣上好地，仔细精拣肥实光润的种子种下，精耕细作，增施粪肥。其子比所下之种必更加饱满。再下种后收获，如此连续选育三年，必有满意效果。

清朝杨屾在《知本提纲》中总结了一套"择种法"，无论在理论上还是技术上都有很大发展。强调"母强则子良，母弱则子病"的遗传原理，指出"母强其子必壮"，说明良种选择的重要性。提出穗选加粒选的选择良种方法："种取佳穗，穗取佳粒，收藏又自得法"。

我们的先祖们在漫长的种子发展历史中，进行了大量的深入探索，取得了辉煌的成就。培育了大量的作物品种，在选种和育种方面创造了不少先进的技术。新中国成立以来，我国种子事业发生了巨大的变化。我国著名的农民

袁隆平院士

杂交水稻田

育种家李登海被誉为"中国紧凑型杂交玉米之父"，30多年来先后选育出玉米高产新品种80多个。采用他育成的玉米杂交种，曾七次刷新我国夏玉米高产纪录。他育成的玉米高产品种，在我国累计推广6千万余公顷，创经济效益1 000多亿元。举世闻名的"杂交稻之父"袁隆平院士，率领他的团队，选育出"超级稻"，打破了世界性的自花授粉作物育种的禁区。如今大江南北都大面积推广杂交水稻，为我国粮食增产发挥了重要作用。

引种改良育新种

我国古代从异地引入优良作物及畜牧品种有着悠久的历史，引种改良常常通过民族的迁移和地区之间的贸易实现。公元前4世纪和1世纪时分别通过古代著名的"蜀—身毒(印度)道"和"丝绸之路"，使原产非洲的酸豆以及原产中亚的葡萄、紫苜蓿、石榴、红花等经济植物的种子引入我国。北宋时期，原产于非洲东北部的芦荟引入华南的沿海地区。明清时期，甘薯、烟草等美洲经济作物被转引到我国。引种要重视原产地与本地区之间生态环境的差异，只有将其驯化改良，域外引进的作物及畜禽良种才能

烟叶种植

适应本地环境和需求，在本地得到进一步推广传播发展。引种域外的作物及畜禽良种，进行驯化改良并把它们并入本地完整的农业系统中去，引种改良是我国古代农业发展的重要因素。

秦汉时期，是我国古代传统农业科技文化对外往来交流的第一个鼎盛时期。由于大一统局面的出现，汉武帝派张骞为使通西域，开辟了从长安经过今宁夏、甘肃、新疆，到达中亚细亚内陆的丝绸之路，促进了中西方贸易和文化的交流。张骞及其使团返回汉朝时，携带了大量的域外物种，从而大大丰富了我国古代的种植业。《齐民要术》卷三引东汉王逸所言："张骞周流绝域，始得大蒜、葡萄、苜蓿等"。

大蒜又称胡蒜，原产于亚洲西部高原，张骞出使西域时携带回国。东汉时期大蒜的传播已遍及全国，东南西北均可寻其踪迹。大蒜传入我国后，很快就成为人们日常生活中的美蔬和佳料。葡萄最早在地中海东岸以及西亚、中亚地区种植，我国种植葡萄最早在新疆，传入内地在西汉，唐朝有了较大发展。黄瓜最早称为胡瓜，由张骞出使西域时带回来引种。五胡十六国时后赵皇帝石勒忌讳"胡"字，汉臣襄国郡守樊坦将其改为"黄瓜"。石榴原产于伊朗、阿富汗等中亚地区，汉朝引入我国内地。石榴最初经中亚传至新疆，汉朝由丝绸之路传入长安一带，后扩散到河南、山东，进而传播到长江流域，明清时期遍布全国。蚕豆原产黑海南部，张骞自西域引入。最先栽培于西南川、滇一带，元明之间广泛推广到长江下游各省。

秦汉时期，最重要的是良种马的引进与改良。中国北方和西北方少数民族地区自古盛产良马，这些马种的传入对中原马种的改良起了重要的作用。在秦统一六国的战争中，又不断吸取北方蒙古马的成分，马种获得了进一步的改良。为提高中原马匹的品质，汉朝统治者还大力引进良种马。汉武帝为适应对匈奴战争的需要，也曾致力于良种马的引进，并先后从西域引入大宛马和乌孙马。此外，东汉桓帝还从朝鲜中部引入了著名的果下马。随着良马的引进，牧草也得到了相应的引种。汉时，西北牧区优质牧草苜蓿的引种和推广，是我国畜牧业发展史上的重大事件之一，它对繁育良马，增强马、牛的体质发挥了积极的作用。唐朝也从大宛、康居、波斯、突厥等国引进了大宛马、康国马、波斯马和蒙古马，极大地促进了我国马种的改良。

魏晋南北朝时期，南北各地农业科技文化得到了广泛的交流与传播，最重要的表现就是作物品种的交流及北方旱田作物的南移。传入中原的作物品种呈多元性，从少数民族地区传入的品种，如粟类作物"竹叶青，一名胡谷"，秫类作物"有胡秫，早熟及麦"，麦类作物中的"椀麦"，"出凉州"；"旋麦"，"出西方"。从西南地区传入的麦类有"朱提小麦"，水稻中的"青芋稻""累子稻""白汉稻"均"出益州"，从乌桓引入的穄有"赤、白、黄、青、黄鸾鸽，凡五种"。

唐宋时期，对外交流相当繁荣，发达的对外海陆交通和对外贸易促进了国外农作物的引进。唐朝引进一批西域作物，有波斯枣、偏桃、树菠萝、油橄榄、胡椒、无花果、阿月浑子、菠菜、西瓜、莳萝等。隋唐时期，蔬菜栽培很受人们的重视，这时从国外引进的主要菜类有原产西亚的莴苣和菠菜两种。宋元时期，通过海上丝绸之路引进了重要粮食作物占城稻。占城稻起源于古占城国（今越南中南部），故名占城稻。占城稻属高产、早熟、耐旱的稻种，为实现粮食稳产，提高抗灾能力产生了深远的影响。凉薯又名土瓜，原产美洲，后由西班牙人传入菲律宾。它是一种既可做水果又能当蔬菜的作物，宋朝从新罗经海道传入我国福建。宋朝花卉种植占有重要地位，花卉由于体积小，携带方便，传入更加便捷，一般由使者带来或随贸易船舶而来，有俱佛头花、耶悉茗、西域栀子等。胡萝卜原产地中海沿岸，元朝从伊朗传入我国。

明清时期，美洲原产作物的引种成为我国农作物引进的一个显著特点。美洲粮食作物的传入和推广总数接近三十余种，既有玉米、番薯、马铃薯这样重要的粮食作物，也有花生、向日葵一类油料作物；既有番茄、辣椒、菜豆、番石榴、番荔枝等蔬菜果树，也有烟草、

知识链接

宋元时期，最重要的引入改良作物莫过于棉花了。棉花原产于非洲、印度和美洲。宋以前，我国衣被原料以利用麻、丝和皮毛为主，宋以后，棉花传入内地，由于棉花有着显著的优点而成为遍布天下的大众化衣服原料。因此，棉花很快代替了麻苎，成了全国最主要的纤维植物。

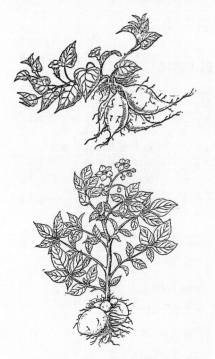

陆地棉这样的嗜好作物和衣被原料。美洲作物的传播与发展不仅满足了日益增长的人口生存需求，适应了人们对营养和享受多方面的需要，对充分用地和养地，提高农业生产效率也发挥了积极的促进作用。

玉米，原产于美洲墨西哥、秘鲁、智利沿安第斯山麓狭长地带。大约在16世纪中叶，玉米通过多渠道、多途径传入我国。西北陆路，西班牙到麦加，由麦加经中亚细亚的丝绸之路传入我国西北地区。西南陆路，欧洲传入印度、缅甸，再到我国西南地区。东南海路，欧洲传入东南亚，经中国商人或葡萄牙人由海路传入我国东南沿海地区。

棉花很早我国就已引进，但纤维短，不便于纺纱织布。近代中国引进、改良、推广美棉的始因是拟提高国产棉的品质与产量，为国内棉纺织工业提供可靠的原料，以减少进口。19世纪中叶，我国从美国引进陆地棉这一新棉种。陆地棉是一种长绒棉，至今仍是我国广泛种植的一个棉花品种。由于陆地棉具有纤维长而细，适于机器纺织的特点，从而有力地促进了我国现代棉纺织业的发展。引种陆地棉为我国成为世界的产棉大国奠定了坚实的基础，做出了不可磨灭的巨大贡献。

马铃薯原产南美洲秘鲁和玻利维亚的安第斯山区，为印第安人所驯化。大约1570年传入西班牙，1590年传入英格兰，1650年左右传入我国。1650年荷兰人斯特儒斯到中国台湾地区访问，在台湾见到栽培的马铃薯，称为"荷兰豆"。大陆上栽培马铃薯的时间，根据写成于1700年的康熙福建《松溪县志》表明马铃薯最初可能是从南洋或荷兰引进中国台湾、福建等地，再传入内地。对马铃薯记载较详细的是 19 世纪中叶的《植物名实图考》，书中称当时我国西南的云南和西北的山西、陕西都已种马铃薯，山西、陕西则有较大面积生产。进入 18 世纪后，由西方传教士或商人再次引种入我国，他们带来的是欧洲普通栽培种，并在冷凉地区开始种植，取得一定效果。20 世纪后由各国传入的多为优良品种，进一步推动了马铃薯在我国的种植。

烟草原产于拉丁美洲的厄瓜多尔，最早传入我国的时间大约在明正德、嘉靖年间，由葡萄牙人引入广西合浦。16 世纪中叶到 17 世纪初，经由南北两线传入我国。北线经朝鲜引进我国东北和内蒙古等地。南线又分三路：由菲律宾传入闽、广，再传入江、浙、两湖和西南各省；自吕宋传入澳门，再经中国台湾地区进入内地；自南洋或越南传入广东。

1492 年哥伦布发现新大陆后，辣椒、西红柿、菜豆、南瓜等一批原产于南美洲的蔬菜，被传到世界各地。16 世纪下半叶到 17 世纪末，随着中外交流和文化的发展，这些蔬菜也由商人或传教士，从南洋诸岛国或欧洲传到我国。这些蔬菜的引进推广，把我国的蔬菜品种结构向前推进了一大步。

近代以来，有识之士深感国产羊毛不适于毛纺织织造，纷纷引进国外优良绵羊品种，开展羊种改良，成绩显著。1934 年，甘肃甘坪坝寺创建西北种畜场，以美利奴羊改良藏羊。1935 年，实业部在南京汤山创设中央种畜场，从美国引入美利奴羊进行纯种繁殖，以备推广，抗战前，引大批苏联细毛羊品种入境，供哈萨克羊改良用，为新疆细毛羊新品种培育之滥觞。1940 年，农林部在兰州成立西北羊毛改进处，在岷县设立种羊场，并于河西及甘南设置推广站，同时在甘肃各地推行人工授精。1946 年，由联合国援助，从新西兰引入考力代绵羊 1 000 只，一部分留在南京中央畜牧实验所和安徽滁县牛场外，其中 400 只次年运抵西北羊毛改进处，其他 200 只运往中畜所北平分所。山西绵羊改良是全国畜牧业发展中的创举，"民国七年输入澳洲美利奴羊种，以期改良土羊之毛质，殊为盛举"。

棉麻桑蚕：
农耕文明的精美织锦

中国是世界上著名的文明古国之一，农业历史悠久。纺织作为农业的副产业，几乎是与农业生产同时开始出现在人类社会，纺织在民族文化中的地位举足轻重。在长期的农业生产活动中，我们的祖先积累了丰富的栽桑养蚕、植麻种棉经验以及加工棉麻丝的技术。据记载，公元前13世纪，桑、蚕、丝、帛等名称已见于甲骨卜辞。蚕丝和大麻、苎麻，以及后来的棉花一起成为中国人主要的衣着原料。明朝张愈的《蚕妇》诗说："昨日入城市，归来泪满巾，遍身罗绮者，不是养蚕人。"唐朝诗人杜荀鹤《蚕妇》描述："粉色全无饥色加，岂知人世有荣华，年年道我蚕辛苦，底事浑身着苎麻。"这两首诗说明贵族、富人穿的是丝绸，而劳苦大众穿的是苎麻。中国古代，棉衣是最普遍的保暖衣物，而丝绸衣服价格昂贵，只有少数贵族和富人能穿，麻袍则是相对低级的衣服。

万年衣祖始于麻

麻类作物是我国最早利用和栽培作物之一，主要利用其茎秆韧皮部、叶片或叶鞘中的纤维作为编织原料。我国麻类资源丰富，品种齐全，拥有世界上几乎所有的主要麻类作物。栽培的主要韧皮纤维作物有苎麻、亚麻、大麻、红麻（称洋麻）、黄麻、青麻（苘麻）。我国古代麻类作物不仅为当时衣着提供了主要原料，麻纤维又是制造渔网、绳索、麻袋和造纸等重要原料，是人们日常生活和进行生产活

满族木底麻线鞋

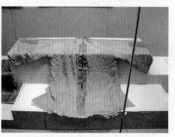
亚麻服饰

动的必需品。

我国麻纺织历史悠久，有"国纺源头，万年衣祖"之称。我国远古时代的衣着原料不是棉花，是丝和麻。清赵翼在其《陔余丛考》一书中说："古时未有棉布，凡布皆麻为之。治其麻、丝以为布、帛是也。"也就是说，古代称丝织品为帛，麻织物为布，用麻布做的衣服称布衣。我国对麻纤维的利用已具相当久的历史，麻、葛、菅在商周时期已被人们用作纺织原料，麻类生产为我国的民族繁荣和物质文明做出了贡献。在传统的农业社会里，农民们普遍穿麻单装、麻线鞋。在古宕昌羌国和白马氏国属地（今陇南地区全境）的氐羌民族后裔，历来就有穿麻布衫的传统习惯。

我国在种植麻类作物上具有得天独厚的地域优势和气候优势，有利于不同种类麻类作物的生长发育和纺织纤维多样化，也有利于实现各种麻类作物的高产优质。我国古代种植的麻类作物，主要是大麻和苎麻，其次是苘麻、黄麻和亚麻。苎麻、青麻原产于我国，我国是大麻、黄麻的原产地之一。苘麻、亚麻和黄麻在古代麻类作物中比重都较小，苘麻和亚麻主要在北方种植，黄麻则主要分布在南方。苎麻原产于中国，欧美各国种植的苎麻均由中国传入。直至现在，产量仍以中国为最多，是中国著名特产，国际上有"中国草"之称。亚麻是世界上最古老的作物之一，亚麻纤维享有"天然纤维皇后"之美誉，是天然纤维中唯一的束状纤维。纺织就是以苎麻、亚麻、大麻等为主要纤维原料，进行的纺与织的生产活动。

我国利用和种植麻类作物的历史很早，古人最早使用的纺织品就是麻绳和麻布。尚未开化的浑朴时代，人的衣服、居住还相当原始。《礼记·礼运》中就有如此的说法："冬则居营窟，夏则居橧巢""未有丝麻，衣其羽皮"。直至圣贤出世，才懂得处理丝麻，织成麻布和丝绸。《淮南王·蚕经》中不乏此类神话传说："伏羲化蚕桑为繐帛"，神农氏"教民桑麻以为布帛"，"黄帝元妃西陵氏勤桑稼亲蚕始此"。《韩非子·五蠹》也说："冬日麑裘，夏日葛衣"。据此可以这样理解，中国古代最早采用的纺织材料是葛、麻、苎类的植物纤维。

先秦时期，大麻和苎麻主要分布在黄河中下游地区。据《尚书·禹贡》记载，当时全国九州的青、豫二州产大麻；扬、豫二州产苎麻，均做贡品。黄河流域的仰韶文化、大汶口文化和龙山文化的一些陶器上经常留有清晰的麻布印痕。夏商时期的麻纺织品已经相当考究，麻纤维曾经过脱胶处理，有的经线为双股加捻成S型，经纬的密度达到十升布的水平。黄河流域是大麻的原产地，因而西周和春秋初期的人们经常把它作为诗歌诵唱的题材，如《诗经》里有"麻麦幪幪""丘中有麻""蓺麻如之何""禾麻菽麦"等。这些诗反映出黄河中下游地区对麻的种植很重视，其中以河南和山东一带大麻的产量最为驰名。

周朝，麻织技术就具有了相当的水平，官方专门设立"典枲"来管理大麻生产。因为有了具体的分工和职责，麻布的质量、规格也达到了较高的标准。古代羌人世居的甘肃陇南地区，因地处北温带北界，属南北气候过渡区，森林茂密，江河纵横，谷地川坝和丘陵平原较多，是历代农业经济发展最早的地区之一，所以"桑麻之国"而著称。仰韶文化和寺洼文化遗址出土的器物中就有麻纤维织品，且质地和技术水平较高。在这些地区的农业历史发展中，大麻种植时间早，分布广。战国时期，精细的苎麻布已能和丝绸媲美，贵族常用它作为互相馈赠的贵重礼品。其中的精细麻布，已接近今天的白府绸。

知识链接

亚麻，一年生草本植物。亚麻纤维是人类最早使用的天然纤维，距今已有1万年以上的历史。亚麻起源于近东、地中海沿岸，早在5000多年前的新石器时代，瑞士湖栖居民和古代埃及人就栽培亚麻，取其纤维织成衣料。我国亚麻集中在东北和西北地区，南方亦有少量种植。亚麻纤维具有拉力强、柔软、细度好、导电弱、吸水散水快、膨胀率大等特点，可纺高支纱，制高级衣料。亚麻纤维是纯天然纺织原料，由于其具有吸汗、透气性良好和对人体无害等显著特点，越来越被人们所重视。

亚麻纺织

在始祖炎帝神农氏"教民桑麻为布帛"的哺育下，历史上羌民族的麻纺织技术处于领先地位，造就了由羌人建立的周王朝时期的麻织水平。当时属于"西戎"（即羌戎）之地的麻纺织水平高且规模大，市场交易的布帛（麻布）大多数来源于与周都相邻的陇南羌族之地。《礼记·王制》说："布帛精粗不中数，幅广狭不中量，不粥于市；奸色乱正色，不粥于市。"指的就是布帛的质量、色泽如若达不到标准就不得在集市上交易。《魏书·宕昌国传》："宕昌羌者……皆衣裘褐。"

秦汉以来，大麻和苎麻的生产均有很大发展。大麻仍以黄河流域为主要产区，但南方也有推广。在汉朝，麻已普遍成为人们的衣着用料，且用作纺织纤维的种类较多，有大麻、苎麻、黄麻和蕉麻。随着中原地区人口的增长和农业生产的发展，秦汉时期黄河流域的苎麻种植面积急剧扩大。苎麻织品已逐渐成为广大劳动人民的衣着原料。汉朝，苎麻在今陕西、河南等地较多，今海南岛和湖南、四川等地也有分布。至迟在三国时，今湖南、湖北、江苏、浙江等地苎麻已有很大发展，一般能够一年三收。西汉时期，麻纺织技术达到一个成熟时期。湖南民谣："君山茶，莨山麻，年年朝供到京华。"在《说文·郑玄注》里，有"麻衣，深衣，诸侯之朝，朝服，朝夕则深衣也"的记录。马王堆汉墓出土的大量麻织精品和稀世珍宝"素纱禅衣"的精美饰边，已成为麻纺织工艺发展的一个历史里程碑，为麻纺织精品成为豪门官宦、宫廷显贵的贡品找到了实物证据。就在这个时期，麻织精品与丝织精品沿"丝绸之路"进入中东、地中海、欧洲各国，继而走向世界各地。

秦汉以后麻的栽培利用更广泛。公元前1世纪的《氾胜之书》，讲了13种栽培作物，把麻专列一节，讲了麻地翻耕、播种季节和肥水管理。到唐朝，大麻在长江流域发展很快，广泛种植，成为另一重要大麻产区。从《元和郡县志》和《新唐书·地理志》等记载看，唐朝大麻在今四川、湖北、湖南、江西、安徽、江苏、浙江等地都有广泛的分布。自唐以后，南方逐渐成为苎麻的主要产地，据《新唐书·地理志》中所载贡赋的情况看，当时贡苎麻的地区多在长江流域及其以南地区。北方仅有陕西、河南和甘肃等部分地区，而在长江以南的大部分地方都进贡苎麻及其制品，这些情况表明唐朝南方苎麻生产已经明显地超过北方。

宋元时期，苎麻在北方有一定减缩，但在南方沿海地区则有较大发展，形成北麻（大麻）南苎的趋势。宋元以后，受生产力水平的限制，由于麻弹性差、抗皱性及耐磨性差、有刺痒感等，使麻类纤维的品种开发受到局限，麻文化也随之衰落。随着棉花的广泛种植和利用，棉花逐步取代了麻纤维作为大宗衣料的地位。

明清时期，麻类生产曾有一定发展。《明史·食货志》记载，明初就规定"凡民田五亩至十亩者，栽桑、麻、木棉各半亩，十亩以上倍之……不种麻及木棉，出麻布、棉布各一匹"，对麻生产起了一定的促进作用。清朝则进一步形成了一些著名产区，以苎麻来说，《植物名实图考》就指出，"江南安庆、宁国、池州山地多有苎，要以江西、湖南及闽粤为盛。江西之抚州、建昌、宁都、广信、赣州、南安、袁州苎最饶……湖南则浏阳、湘乡、攸县、茶陵、醴陵皆麻乡"，这也反映了麻生产在这些地区有一定的扩展和提高，并形成了一些著名产区。

中国古代在大麻和苎麻的栽培技术方面，都有丰富经验。《管子·地员》篇中提出"赤垆"和"五沃之土"适宜种麻，说明至迟在战国时期已对适宜大麻生长的土壤有所认识。19世纪末已注意到苎麻种根的选择，常把分根、分株和压条这三种无性繁殖的方法综合运用于老苎的更新和新苎的繁殖。《三农纪》就明确指出："苎已盛时，宜于周围掘取新科移栽，则本科长茂。"就是说采取分株的方式，除为繁殖外，也为使本株繁盛。《农政全书》也称："今年压条，来年成苎。"说明古代采用压条法，是为了快速繁殖。为了麻蔸安全

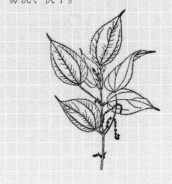

过冬，古代多用粪肥壅盖，达到防冻和施肥的双重效果。用来培壅的肥料有牛马粪、糠秕、灰塘泥、厩肥、杂草和破草席等。

纺织成布多种棉

　　棉俗称棉花，栽培棉在植物分类学上属锦葵科的棉属，是锦葵科棉属植物的种子纤维。植株灌木状，花朵乳白色，开花后不久转成深红色，然后凋谢，留下绿色小型的蒴果，称为棉铃。棉铃内有棉籽，棉籽上的茸毛从棉籽表皮长出，塞满棉铃内部，棉铃成熟时裂开，露出柔软的纤维。纤维呈白色或白中带黄，也就是通常所说的棉花，是主要的纺织原料。

　　棉花和棉织品是我国人民生活中不可或缺的必需品，是世界五大产棉国之一。但中国古代无"棉"字，只有"緜"或"绵"字，原指丝绵。后来棉花传播，借用为"木绵"。到南宋《瓮牖闲评》中才出现"棉"字。元朝《王祯农书》中仍然"棉""绵"混用，到明朝就大多用"棉"。所以，千百年来，对我国棉花的渊源争论很大，有两种不同的意见。一种是中国古代不产棉花，在宋末元初才引进中国的"引进说"；另一种是中国自古就产棉花，由边疆移往内地，以后逐渐发展起来的"自产说"。

　　我国古书中都有关于棉花的记载，而且名称繁多。我国最早提到棉花的古籍是《尚书·禹贡》篇，其中说："淮海惟扬州，……岛夷卉服,厥篚织贝。"所述"卉服"就常常被解释为用棉布做的衣服；"织贝"即"吉贝"，是梵语中对棉花称呼的音译"织贝"。成为我国最早有关棉花的记述，说明战国时期东部近海一带及海岛上的居民已经有用棉花织布。此外,记述棉花的文献,还有《后汉书》《蜀都赋》《吴录》《华阳国志》《南州异物志》和《南越志》等。其中说的木绵树、古贝木、吉贝木、梧桐木、橦树、古终藤等可能指的是棉花。在《南州异物志》中,"五色斑布以丝布,古贝木所作",古贝木指多年生亚洲棉。《蜀都赋》中有"布有橦华","橦华"是亚洲棉的又一称呼。有些古文献中记述的白绁或白叠,指的也是棉花,有时也只用棉织的棉布。我国古代西域称棉花作"白叠",种植的为草棉种质。唐宋以后多用"木棉",指春种秋收、一年一易的棉属棉花,而不是现在的多年生木本型木棉。

北宋时期,棉花只在两广和福建地区种植,南宋时期扩展到长江流域,到了明朝,棉布才成为全国人民的普遍衣料。北宋方勺著《泊宅编》:"闽广多种木棉,树高七八尺,叶如柞,结实如大菱而色青,深秋即开,露白绵茸然,土人摘取去壳,以铁杖杆尽黑子。徐以小弓弹令纷起。然后纺绩为布,名曰吉贝。"在此具体描述了棉花的植株高度及形态、吐絮季节、棉纤维和棉籽颜色,说明北宋时期对棉花的植物学特征有了较为清楚的认识。还提到简陋的铁杖去籽制棉工具,以及简单的小弓弹花方法。谈到宋及以后的棉花种植,必然会提及海南岛琼州等地种植木棉和织作吉贝布。《宋史·崔与之传》有"琼人以吉贝织为衣裳"的记载,说明海南植棉用棉非常普遍,

知识链接

黄道婆(1245—1330),又名黄婆或黄母,松江府乌泥泾镇人。宋末元初棉纺织家、技术改革家。由于传授先进的纺织技术以及推广先进的纺织工具,而受到百姓的敬仰。清朝时期,被尊为布业的始祖。黄道婆出身贫苦,少年受封建家庭压迫流落崖州(今海南岛),以道观为家,劳动、生活在黎族姐妹中,并师从黎族人学会运用制棉工具和织崖州被的方法,了解并熟悉了各道棉和织布工序。她还融合吸收了家乡织布技术的长处,逐渐成为精湛技术的纺织能手。元贞年间,她身背踏车、椎、弓等棉纺工具,回到家乡投身于棉纺织业的传艺、改良和创新活动。一边教家乡妇女学会黎族的棉纺织技术,一边对棉纺工艺进行了系统的改革,对轧籽、弹花、纺纱、织布技术进行了改革,促使松江一带逐渐成为全国的棉纺织业中心。

吉贝是当地名产。元朝杰出的纺织革新家黄道婆早年流落海岛崖州，把在那里学到的制造纺织工具和织布技术带回松江乌泥泾，结合自己长期的生产实践，系统改进了棉花初加工技术、纺织工具和技术、织染技艺等棉纺织生产全过程，推动了中国纺织技术的发展。

我国种植棉花的历史，大约可分为四个阶段：多年生木棉的利用；一年生棉的引种；植棉扩张发展；陆地棉的引种、推广。

我国早期植棉主要在华南、西南地区，自南向北发展，所栽之棉是多年生木棉。这里冬季气候温暖，棉在这里可以经冬不凋。在一些提到棉的古籍文献中，"古贝木"最先见于《南州异物志》，南州指今华南的一些地方；而《华阳国志》所述梧桐木产地在永昌郡，即今云南省西部；又如《吴录》称木棉树产在交趾安定县，即今广西壮族自治区和越南北部一带。《吴录》还记载了关于棉的形态，"……高丈，实如酒杯，口有绵"是指多年生棉。

西北地区一年生棉最早见于新疆，9世纪以前新疆已经种植草棉。从古文献记载来看，新疆早在汉朝就有草棉传入，草棉的传播自西向东，元朝以前止于河西。新疆出土自汉、魏、晋、南北朝到宋元的棉织品，证实草棉在古代新疆的种植。新疆民丰东汉墓出土文物中有3世纪时的棉织品，说明当地已开始植棉。新疆巴楚晚唐遗址中发掘到棉布和棉籽，经鉴定为草棉的种子。华南地区一年生棉是从南海诸国引进，逐渐在沿海各地种植，进而传播到长江三角洲和陕西等地。元朝《王祯农书》记述："一年生棉其种本南海诸国所产，后福建诸县皆有，近江东、陕右亦多种，滋茂繁盛，与本土无异"。

宋元时期，我国植棉进一步扩张发展。南宋时期，江南许多地方已种植棉花，长江流域从东南福建等地引种栽棉，并向黄河流域扩展。到元朝至元二十六年（1289），设木棉提举司的专门机构，负责在浙东、江东、江西、湖广、福建等地提倡植棉。到15世纪前期，棉花已传遍南起闽、粤沿海，北至辽东的广大地区。

19世纪后期，机器纺织业在我国兴起，陆地棉的引种、推广适应了纺织业对较长棉纤维的需求。清湖广总督张之洞于1892年及1893年两次从美国购买陆地棉种子，在湖北省东南15县试种。辛亥革命后，北洋政府农商部及山东、江苏等省也曾先后从美国输入陆地棉种子推广。1919年，上海华商纱厂联合会选定脱字棉和爱字棉两个美棉品种在全国推广。1933年，中央农业实验所通过品种区域试验，选定斯字棉4号和德字棉531号两个品种，于1937年起推广；同时，又先后从美国引进隆字棉、珂字棉和岱字棉等陆地棉品种。直至20世纪50年代，完全栽种陆地棉。

在我国不同历史时期，棉花栽培的主要品种不一样，先后栽培过海岛棉、亚洲棉、陆地棉和草棉。亚洲棉又称中棉，是被人类栽培和传播最早的棉种。它引入历史最久，种植时间最长，同时栽培区域较广。具有早熟、耐阴雨、烂铃少、纤维强度高等特性，是棉花重要的种质资源。陆地棉是目前世界上栽培最广的棉种，占世界棉纤维产量的90%以上。它起源于中美洲和加勒比海地区，经人类长期栽培驯化，形成了早熟，适合亚热带和温带地区栽培的类型。陆地棉引入我国的历史较

亚洲棉　　　海岛棉

陆地棉　　　草棉

短，但发展很快，19世纪50年代即取代了亚洲棉，目前广大棉区所种植的棉花多为陆地棉。自陆地棉引进以来，由于它适应我国的气候，而且产量高，品质好，很快取代了亚洲棉和草棉，遍及全国各棉区。新疆种植有少量海岛棉（长绒棉），20世纪50年代在新疆引种苏联一年生海岛棉获得成功。海岛棉是纺制高档和特种棉纺织品的重要原料，其纤维细长、富有丝光、强力较高。草棉于6世纪传入我国新疆、甘肃一带，为一年生草本，纤维短而细，可用来纺纱、絮衣服被褥等。

元明时期，我国植棉业较快发展，栽培技术不断完善，从播种到苗期田间管理中都积累了丰富的棉花种植技术经验，栽培技术业已初步形成了一门单独的理论学科。棉花是旱地作物，适应生长在沙质土壤及地势较高的燥地。在长期的生产实践中，棉农不断总结棉花栽培的最适土壤和条件，形成了种棉"宜夹沙之土"的择地经验。

知识链接

方观承（1698—1768），字遐谷，号雨亭，又号宜田，安徽桐城人。年少时就"励志勤学"，博览群书，诗文俱精。乾隆十四年至三十三年，方观承两任直隶总督。在总督任内二十年，他"尤勤于民事"，十分注意发展农业生产，深刻认识棉花的经济价值，认为棉花是"衣被天下之利"的不可忽视的作物，功用不在五谷之下，因而极为重视棉花的生产和利用。乾隆三十年（1765），方观承根据自己长期积累的植棉经验，绘成《棉花图册》16幅进呈皇上。乾隆帝御览后，为每

《御题棉花图》

幅图册题七言诗一首，并下诏将《棉花图册》颁行天下。《御题棉花图》是方观承将经过乾隆御题的《棉花图册》易名而成，是迄今所知中国最早的、较为完备的棉作学图谱，是清朝倡导棉作图文并茂的科普作品。《御题棉花图》记录并总结了我国18世纪中叶的棉花栽培和加工利用的经验及成果，把棉花的生产利用全过程用图谱的形式分为布种、灌溉、耘畦、摘尖、采棉、拣晒、收贩、轧核、弹花、拘节、纺线、挽经、布浆、上机、织布、炼染16道工序，且对照图谱为每道工序中的重要环节进行详细的文字描述和解说。反映了当时直隶地区棉花生产技术和棉花生产场景，是直隶地区民风民俗的真实写照。

对棉田的整地有着严格的要求，深耕细作，三耕三耙，畦做成瓦背形，在上锄两遍然后耙平，使表土细碎、平整，为培育壮苗奠定基础。古代对棉的择种要求相当细致，留中间花作种，播前要通过温水处理。适时播种是获得棉花丰收的关键一环，古代棉农总结出棉花适宜播种期为"至谷雨前后，拣好天气日下种"的正确经验。播种方法有撒播、沟播和点播，明朝更主张穴播。积累了许多定苗、中耕、打顶等田间管理技术经验，主张稀植，锄功须细致，打顶心促进开花结铃，栽培技术及理论不断完善。

丝绸源自栽桑养蚕

桑蚕，又称家蚕。以桑叶为食料，茧可缫丝，丝是优良的纺织原料。在棉织品出现之前，人们穿着的主要是皮毛和麻织品，这些材料有一个共同缺点，就是质地粗糙，贴身穿用感觉很刺不舒服，而丝绸恰好

弥补了这些缺陷，其纤维柔软，是不可多得的适合贴身穿用的衣被材料。栽桑养蚕是茧丝绸行业稳定发展的基础，栽桑养蚕能为丝绸工业取得优质茧丝等产品提供产前的原料保障。桑蚕业是一个综合性的农业产业，范围包括桑树栽培、蚕种繁育、养蚕、蚕茧干燥和贮藏以及蚕茧蚕种销售等。蚕桑是我国农业结构的重要组成部分，它是果树园林业，具有种植业的一些特征，又是昆虫饲养业，带有动物饲养业的某些特点。我国为世界蚕业的发源地，栽桑养蚕历史悠久。

丝织衣被的舒适感比棉麻要好，但蚕桑养殖与丝品生产费工、费时、费事。桑株择地性强，培育难度大。因为气候和土壤的原因，适宜蚕桑的地区很有限。养蚕业原先起源于中国北方，直到南北朝才被引入南方。明清以后，在多次引栽试养均告失败后，原为重要丝产地的华北地区便很少植桑养蚕，都是由于气候变迁和土壤不适而致。蚕事"为时促而用力倍劳"，桑蚕养殖是高密度劳动，所需劳力比其他作物要高。养蚕更费时，"头蚕始生至二蚕成丝，首尾六十余日，妇女劳苦特甚"。每年饲养春蚕的"蚕月"是最为忙碌的时间，养蚕者往往废寝忘食。

我国的桑业生产历史悠久，约在5000年以前，先民就在中原大地上开始栽植桑树。殷商时期的甲骨文中已有"桑"字，《山海经》《尚书》《淮南子》等不少古籍中都有对桑树的描述，众多出土文物上也出现了桑树形象，这些都是极有力的证明。1926年，在山西夏县西阴村新石器时代遗址中发现过半个人工割裂的蚕茧。1960年，山西芮城西王村仰韶文化晚期遗址中又发现一件陶蛹，由这两处遗址中的遗存物足以证明我国在5000年以前已经有了蚕桑事业。古人很早认识到桑蚕与农耕同等重要，"衣以桑麻，养以五谷"。农桑不兴则衣食无着，社会就有灾难。

商周时期，养蚕业已有初步的发展。蚕业生产受到了高度重视，栽桑养蚕业已初具规模，丝织技术也有了重大的发展。商周时期，桑树是自然生态类型的乔木桑，采摘桑叶时，人们要爬到桑树上。在商朝，蚕已被认为是一种神圣的动物，被当作"蚕神"来崇拜。安阳殷墟出土过一个雕琢成形态逼真的玉蚕，安阳武官村发现的戈

嫘祖

马王堆汉墓素纱禅衣

援上残留着绢纹或绢帛。甲骨文上已有蚕、桑、丝、帛等文字，还有祭祀蚕神的记载。西周时期，黄河中下游地区普遍种植桑树，育蚕缫丝。种桑养蚕的地方已遍及今日的陕西、山西、河南、河北、山东一带，当时的种桑养蚕事业已有规模，蚕桑生产已成为专业化，并受到官方督察管理。商周时期，养蚕技术也有了较大的进步，蚕已在室内饲养。《夏小正》记载，三月"妾子始蚕，执养宫事"，说明当时已有专用的蚕室和相应的养蚕设备。

　　春秋战国时期，蚕桑生产有了进一步的发展，黄河流域已是蚕业的主要产区。春秋战国时期，黄河中下游地区普遍种植桑树，桑树的培植除了乔木桑，又培育了高干桑和低干桑。养蚕技术也有了较大的发展，养蚕已有专用蚕室，有了成套的蚕具，蚕病的防治也受到重视，并采用了浴蚕种消毒、忌喂湿叶的技术，蚕丝已成为平民百姓的日常衣服和自由贸易的物资。育蚕缫丝，生产各种丝织品，工艺也相当考究。《诗经》中已有丝带、丝质的纽扣、丝绸衣服、彩色的织锦、丝织马缰绳以及丝作钓鱼绳等各种丝织物，用途十分广泛，丝织技术已很成熟。

　　秦汉时期的蚕桑生产盛极一时，大规模桑田已出现，丝织品的生产和消费也有更大的增加，栽桑养蚕的技术也有了发展。重要表现是对地桑的培育，地桑相比树桑有更多优点，地桑叶形大，适熟叶多，且采摘方便。《氾胜之书》最早系统地总结了地桑培育的方法，大大地促进了当时蚕业的发展。由于蚕忌饥寒而喜温饱，为了给蚕创造温而饱的条件，汉朝就开始采用人工加温的方

知识链接

　　丝绸之路是古代中国走向世界之路，也是古代中国得以与西方文明交融交汇，共同促进世界文明进程的合璧之路。丝绸之路实际上有四条，分海陆两路，陆路有"北方草原丝绸之路""西北绿洲丝绸之路""西南丝绸之路"，海路则是"海上丝绸之路"。最早的陆上丝绸之路大约形成于公元前8世纪，是长城以北的"草原丝绸之路"。最有影响的是"西北绿洲丝绸之路"，形成于公元前2─前1世纪从长安出发经过河西走廊过敦煌，出玉门关或阳关，沿塔克拉玛干南缘和北缘到达疏勒（今新疆喀什）；或经伊吾（今新疆哈密）、吐鲁番至疏勒，然后向西越过葱岭，到大宛（今乌兹别克斯坦）、条支（今伊拉克）、大秦（今罗马）、康居（今撒马尔罕）和身毒（今印度），这条由沙漠绿洲相连相成的要道，被德国地理学家李希霍芬称为"丝绸之路"。还有一条以四川成都为起点，身毒（今印度）为终点的"西南丝绸之路"。10世纪以后，由于整个中亚细亚地区的伊斯兰化和航海技术的发达，丝绸之路的重点转移到海上，我国的丝绸和瓷器由东南地区的港口出口到世界各地。丝绸之路是亚欧两洲往来联络的大动脉，影响着东西方经济、文化与技术的交流和进步，是人类文明史上的一大壮举。

法，是我国养蚕技术上的一大成就。秦汉时期，蚕丝用途日益广泛，对缫丝工艺也提出了更高的要求，沸水煮茧缫丝就是这时发明的，是我国缫丝工艺上的一大革新。长沙马王堆汉墓出土的文物中，有保存完好的绢、纱、绮、锦，起毛锦、刺绣等丝织品，说明了西汉纺织技术已经达到相当高的水平。汉朝丝织业的另一大发展就是促进了我国与欧亚国家之间的交流与贸易。张骞从建元三年（公元前138）到元朔三年（公元前126）通西域，开辟了一条横贯亚欧大陆的中西贸易和交流之路，即"丝绸之路"。

　　魏晋南北朝时期，蚕桑丝织业生产规模和布局、产品的特色等方面都有了进一步发展，养蚕技术有了更显著的进步。由于人口大迁徙，各地经济文化相互交流，蚕桑业分布于黄河、长江两大流域。

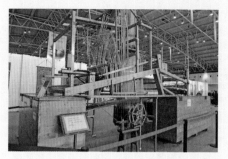

蜀锦织造技艺

黄河流域仍处于领先地位，长江流域丝织品最著名的是蜀锦。《齐民要术》详细地总结了黄河流域的蚕桑生产经验和技术，记载了荆桑、黑鲁桑和黄鲁桑等桑品种的性状差异，阐述了桑树对角线成片栽植以及桑园套种绿肥等栽桑方法。记述了蚕有一化、二化、三眠、四眠之分，说明了如何用低温控制产生不滞卵，从而可以一年分批多次养蚕；对于蚕的微粒子病和软化病已有所认识，时称"黑瘦"和"伪蚕"，人们还用"盐腌法"来贮茧。

隋唐时期，蚕桑丝织业主要分布在黄河下游、四川盆地、太湖流域和钱塘江流域三大地区。唐初实行均田制，规定每户有约1.33公顷可传子孙的桑田，这项政策有利于多年生桑树的培育。唐朝栽桑已注意提高成活率，蚕种已有商品性生产，各地丝织品各有特色。唐朝安史之乱以后，中国蚕桑生产的重心逐渐从北方黄河流域的中原地区转移到了南方长江流域的太湖地区。

宋元时期，对蚕桑生产技术的总结和推广取得了很大的突破。北方蚕业的先进生产技术经验向南传播，江南地区蚕桑技术显著提高。湖州地区盛行桑树嫁接技术，已有青桑、白桑、拳桑、红鸡爪、睦州青等优良品种，形成著名的胡桑类型。当时对某些蚕病具有传染性已有初步的认识，并出现朱砂浴种，养蚕前清洗蚕室、蚕具和蚕期中使用石灰等防病技术。对于蚕病的防治更进一步，贮茧方法除盐渍之外，又出现日晒和笼蒸。注重从生理上择优，利用低温选优汰劣。《陈旉农书》中探讨了蚕生僵病与湿热风冷的关系，《农桑辑要》则总结了蚕病与叶质的关系，《王祯农书》也记载了南北方不同的育蚕方法及工具。这些农桑著述对推动农桑生产起了积极作用。当时为了提高桑叶的产量和质量，已普遍采用插接、劈接、芽接、塔接等嫁接技术，并用压条无性繁殖法快速育成地桑。宋元时期（960—1368）的蚕丝生产和丝织业达到另一高峰，丝绸的花色品种有明显的增加，特别是出现了宋锦、丝和饰金织物三种有特色的新品种。

明清时期，由于丝织商品经济的发展，蚕桑业有很大的提高。除了桑树栽培技术的发展，还出现了天露、石灰水、盐水浴种等方法，以提高蚕的防病能力。明初已形成了以江南为中心的区域性密集生产，其中苏、杭、松、嘉、湖为五大丝绸重镇。康熙时期采用了鼓励措施，丝绸生产获得较快发展，在地域上进一步向环太湖地区和珠江三角洲集中，特别是江南地区在生产规模和水平上成为全国丝绸业的中心。明清之际出现"桑基鱼塘"模式，这是我国生态农业的开端，标志着桑树栽培在土地资源利用方面有了进一步大发展。

我国古代蚕丝的发展促成了对外通商和文化交流。早在11世纪，蚕种和养蚕技术已传入朝鲜，公元前2世纪传入日本，6世纪传入土耳其、埃及、阿拉伯及地中海沿岸国家。桑蚕饲养技术是6世纪传入欧洲的，所以蚕丝代表东方古代文明，在东西方文化交流中起着非常重要的作用。丝绸文化有着几千年的悠久历史积淀，古老的丝绸文明是中华民族的瑰宝，也是中国对世界的重大贡献，是中国联系世界友谊的纽带。我国的产茧量和产丝量都占全世界的首位。随着社会的发展和生活水平的提高，养蚕业有着十分光明的前途。

知识链接

"桑基鱼塘"是珠江三角洲地区劳动人民创造的一种独具地方特色的栽桑养蚕养鱼生产形式。"基种桑，塘畜鱼，桑叶饲蚕，蚕屎饲鱼，两利俱全，十倍禾稼"，形成一个非常理想的生态环境。具体做法是，堤塘交错的田，堤上植桑，塘中养鱼，坡岸杂木，用桑养蚕，用蚕沙（蚕粪）喂鱼，用鱼水肥桑。从种桑开始，构成了桑、蚕、鱼三者之间密切的关系，形成比较完整的能量流系统。长三角有句渔谚说"桑茂、蚕壮、鱼肥大，塘肥、基好、蚕茧多"，充分说明了桑基鱼塘循环生产过程中各环节之间的联系。桑基鱼塘的发展，既促进了种桑、养蚕及养鱼事业的发展，又带动了缫丝等加工工业的前进，逐渐发展成一种完整的、科学化的人工生态系统。

蚕桑文化作为中国重要的传统文化，它与稻田文化一起成为汉农耕文化的两大支柱。我国古人很早就认识到桑蚕与农耕同等重要，栽桑养蚕的行为不断滋养和孕育着蚕桑神话，形成了绚丽多彩的桑蚕文化。蚕桑神话起源于民间，先民在桑林中进行生产生活，进而发现了蚕，产生了丰富的桑蚕神话。蚕神话有马头娘、菀窳妇人、寓氏公主、螺祖、青衣神还包括黄帝、三姑在内的其他蚕神，桑神话主要有扶桑、空桑、帝女桑和三桑。在民间，流传最广、影响最大的是蚕神马头娘。"蚕花姑娘""蚕花五圣"是江浙特色的蚕神。每年清明前后，浙江湖州还会举行"轧蚕花""祭蚕神"活动，向"蚕花娘娘"祈福。通俗易懂的蚕桑神话，对先民们的行为产生着潜移默化的影响，时刻提醒着先民们采桑养蚕的时令，是我国古代先民在长期的生产生活中创造出的精神财富。

蚕神图
（元朝王祯《农书·农器图谱集·蚕缫门》）

183

种茶制茶：中国传统文化理念下的农作技艺

8

茶，灌木或小乔木，嫩枝无毛。叶革质，长圆形或椭圆形，前端钝或尖锐，基部楔形，上面发亮，下面无毛或初时有柔毛，边缘有锯齿，叶柄无毛。茶叶含有多种有益成分，并有保健功效，可作饮品。把饮茶作为一种习惯，早在西周秦汉时期就有记载。饮茶行为推动了对茶树的种植，饮茶被越来越多的人所接受，也进而发展成一种文化。

我国是茶的故乡，从神农尝百草，日遇七十二毒，得茶而解，迄今已有5000年的历史。野生茶种遍见于我国长江以南各省的山区，为小乔木状，叶片较大。陆羽的《茶经》第一句话就说："茶者，南方之嘉木也。"点明了茶叶是生长在我国南方的一种上好的植物，主要集中在我国云南、贵州、四川等西南地区。中国是茶的原产地，最早发现了茶的用途，并种茶、制茶和饮茶，从而形成颇具特色的茶文化。在与各国进行科技文化交流的漫长历史中，中国种茶、制茶技术与饮茶文化不断向外发展。

知识链接

　　茶学专著《茶经》，中国茶道奠基人陆羽著。陆羽，名疾，字鸿渐、季疵，号桑苎翁、竟陵子，唐朝复州竟陵人。《茶经》详细收录历代茶叶史料，记述作者亲身调查和实践的经验，阐述唐朝及唐朝以前的茶叶历史、产地、栽培、采制、煎煮等技术及茶的饮用与功效知识。《茶经》将普通茶事升格为一种美妙的文化艺能，推动了汉族茶文化的发展。《茶经》是中国乃至世界现存最早、最完整、最全面介绍茶的第一部专著，被誉为茶叶百科全书。《茶经》并不只是简单地叙述茶，更是渗透了诸多思想精华，奠定了中国茶文化的理论基础。

《茶经》

种茶——南方嘉木的种植技术

我国是茶树的原产地，是世界茶树的发源地。许多古籍如《桐君录》《茶经》《尔雅注疏》《云南大理府志》《贵州通志》和《续黔书》等著作中都有野生大茶树的记载。我国是世界上发现野生大茶树的两个国家（中国、印度）之一，而有无野生大茶树是确定茶树原产地的重要依据。

中国是世界上最早种植茶叶的国家，茶叶种植历史最为悠久。早在远古时代，中国先民就已经懂得利用茶叶，秦以前（公元前220以前）是发现、利用茶和茶树栽培的起始时期。4000多年前，相传神农时代就已发现茶的药用价值。3000多年前，有关史志记载四川已有栽培茶树的茶园。

秦汉到南北朝时期，茶树栽培在巴蜀地区发展，并向长江中下游扩展。巴蜀地区是中国茶树的起源地之一，据东晋常璩撰写的《华阳国志·巴志》记有"以茶纳贡""园有香茗"两处茶事，说明当时茶叶生产已有一定规模。而后茶的栽培从巴蜀地区南下云贵，东移楚湘，转粤赣闽，入江浙，北移淮河流域，形成广阔的产茶区。

从唐朝开始，古代饮茶之风大盛，是时长江以南各省都已普遍植茶，北方的陕西南部、河南和山东等一些地区也开始植茶。唐朝，由于饮茶风气盛行，茶叶需求量大增，促使农户大力植茶，茶树栽培区迅速扩大。大茶园纷纷出现，种茶已成专业经营，茶叶产区达到了与我国近代茶区相当的局面。

宋朝，饮茶风俗相当普及，"茶会""茶宴""斗茶"之风盛行，促进了茶叶生产的发展，许多产地竞相选好的茶树品种，加工好茶以作斗茶用，

《宋人斗茶图》

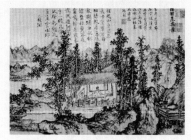

《元赵原陆羽烹茶图》

促进了茶树品种的研究和选择，推动了茶树良种的种植。

元朝，茶区又有了新的拓展，主要分布在长江流域、淮南及广东、广西一带。明朝，茶树栽培面积继续扩大，从云南向北绵延一直到了山东的莱阳。清朝，茶叶产区更加扩大，并形成了以茶类为中心的栽培区域。

我国有着悠久的茶树栽培历史，栽培技术经验丰富，有关材料散见于历代茶叶专著及相关史料中。认识到不同地形、地势、土质、气候、日照、水分等因素对茶树生长及茶叶品质的影响，而且肯定了高山种茶的优点。

陆羽在《茶经》中最先记载了种茶方法，不但描述了茶树的根、茎、叶、花、果实等生物学特性，而且提到不同土坡对茶叶质量的影响。

上者生烂石，中者生砾壤，下者生黄土。凡艺而不实，植而罕茂，法如种瓜，三岁可采。野者上，园者次；阳崖阴林。紫者上，绿者次；笋者上，芽者次；叶卷上，叶舒次。

以上讲到茶树的生长发育与土壤的关系，烂石土壤理化性较好，易于排水、透气，矿物质也丰富，适于茶树生长。还指出茶树因生长的地势不同，所产茶叶的品质也有差异。向阳山坡，林荫覆盖下生长的茶树，芽叶呈紫色的为好。

茶叶生产技术的进步，是唐朝茶叶生产发展的原因之一。唐朝韩鄂《四时纂要》对茶叶栽培技术有更详细的记载：

二月中，于树下或北阴之地，开坎，圆三尺，深一尺，熟斫，著粪和土，每坑种六七十颗子，盖土厚一寸强。任生草，不得耘。相去二尺种一方。旱即以米泔浇。此物畏日，桑下、竹阴地种之皆可。二年外，方可耘治。以小便、稀粪、蚕沙浇拥之；又不可太多，恐根嫩故也。大概宜山中带坡峻。若于平地，即须于两畔深开沟垄泄水。水浸根必死。三年后，每科收茶八两。每亩计二百四十科，计收茶一百二十斤。茶未成开。四面不妨种雄麻、黍、稷等。

由此可见，唐朝后期对茶树的栽培管理技术已大大前进了一步，包括了种茶时间、茶园选择、茶籽催芽、播种方法、施加底肥、中耕除草、施肥灌溉、茶叶采摘等诸多方面。已经认识到茶树是一种喜阴而宜短日照的木本植物，种茶开始采取遮阴措施。茶树怕水淹，茶园最好选择在"山中带坡峻"的地方。在茶树幼龄期间种雄麻、黍、稷等，既可提高土地利用率，又有利于茶树生长。

宋朝对茶树的生长习性又有了进一步的认识，茶树栽培技术的发展突出表现在茶树品种分类和茶园管理方面。认识到茶树不仅是一种喜温湿的植物，寒冷干旱地区不宜种植，而且不同的地形、坡向对茶树生长和茶叶品质有很大影响。宋子安在《东溪试茶录》中，根据茶树的外形、叶形、叶色、芽头大小和发芽早晚等不同情况，将北苑一带的茶树地方品种归纳为白叶茶、柑叶茶、早茶、细叶茶、稽茶、晚茶、丛茶7种，并描述了品种的形态、生育特性、制茶品质、栽培特点和产地分布等，还指出："茶宜高山之阴，而喜日阳之早……先阳处岁发常早，芽极肥乳"，也就是说茶树生长宜在早上见太阳的阴凉高山处，由于高山早上太阳辐射，萌发常早，芽肥大而叶汁多。宋徽宗赵佶在《大观茶论》中也说："植茶之地崖必阳，圃必阴"，高山上种茶要选择朝南的方向，山边要有太阳，在平地上种茶则要选择背阴的地方，或采取遮阴措施。

明清时期，种茶技术有了新的发展，重视优良茶树的选种，茶树繁殖采用种子直播及育苗移栽法，提出茶园管理方法。明朝罗廪《茶解》中记有茶子的水选法，论证了"茶地南向为佳，向阴者遂劣，故一山之中，美恶相悬"，茶地南向的茶品质较好。《茶解》中说到茶园的精细管理,"草木杂生则不茂,春时薙草,秋夏间锄掘三四遍,则次年抽茶更盛",说的就是茶园每年要锄削四五次。清朝宗景藩提出锄草与施肥结合的栽培技术,在《种茶说十条》中明确指出:"又每年五六月间,须将旁土挖松,芟去其草,使土肥而茶茂,但宜早不宜迟。"

茶树育苗移栽便于集中管理,更易于选择和培育壮苗,同时节省种子和劳力,有利于优良品种的繁殖。《种茶说十条》较为详细地叙述了茶树育苗移栽技术:

> 至白露时摘取茶子,晒干。垦地一方, 将土锄细,取茶了一、二升,均铺地上,如布薯种、芋头种之式,铺好,盖土约二三寸厚,土上再盖草须一层,能买茶饼或豆饼或菜饼研碎拌入土内得肥更妙。如旱干、宜用水浇之。

> 茶发芽后,经二春即可移栽。以大者两茎为一兜,小者三茎为一兜,每兜须相离二三尺,以便长发。移栽后一二年,茶树高二尺许,枝叶蕃茂,即可采摘茶叶。

制茶——传统茶叶的加工技艺

我国是茶叶的原产地,辽阔的产茶区域,众多的茶树品种。我国茶叶生产历史悠久,是世界上最早发现和利用茶树的国家,具有世界上独一无二的丰富采制经验。我国名茶品种之多、制法之巧、质量之优、风味之佳,是世界上其他国家所不及的。在悠久的茶叶生产过程中,我国劳动人民依靠自己的智慧和双手,积累了丰富的经验,推动了茶叶采制技术的不断改进和提高。

毛尖，绿茶中的一个品种。毛尖的色、香、味、形均有独特个性，其颜色鲜润、干净，不含杂质，香气高雅、清新，味道鲜爽、醇香、回甘。茶叶外形细直圆润光滑，全身遍布白毫并披着一层绿衣，香气香远悠长。茶汤鲜浓甘爽，颜色碧绿。冲泡后的茶叶沉入杯底，片片舒张匀整，柔嫩鲜绿光滑。采摘一芽一叶，经摊放、青锅、揉捻、烘干、筛选、复香等传统工艺制成。

精品绿茶

毛尖

色泽鲜亮，泛绿色光泽，
香气浓爽而鲜活，
白毫明显。

种茶是为了采茶，茶叶采摘必须因时、因地、因树而制宜地进行合理采茶，合理采茶能促进茶叶增产。采茶是一个收获过程，关系到制茶原料的质量，且影响茶树的生长发育。茶叶采摘十分精细，采得早、摘得嫩、拣得净是其主要特点。

茶叶

唐陆羽《茶经》说：

凡采茶，在二月三月四月之间。茶之笋者生烂石沃土，长四五寸，若薇蕨始抽，凌露采焉。茶之牙者，发于丛薄之上，有三枝四枝五枝者，选其中枝颖拔者采焉，其日有雨不采，晴有云不采。

择之必精，濯之必洁。

种植茶树的目的是采摘鲜嫩的茶叶，采茶叶应在二月、三月、四月之间，只采春茶、夏茶，不采秋茶，在清明、谷雨前后采摘，以

采茶

保证茶质。采摘茶叶对天气、时间有严格的要求，具体到当天的采摘时间是"凌露采焉"，规范采茶时间以保证茶质。并提出了对生长情况不同的茶树，要采取不同的采摘方法，选择最好的中枝采摘。茶叶采来以后，要认真分拣，清洗干净。

宋朝采茶更讲究，对采茶条件的要求极高。首先，对时令气候的要求。即"阴不至于冻，晴不至于暄"的初春"薄寒气候"。其次，对采茶当日时辰的要求。"采茶之法须是清晨，不可见日"，一定要在日出之前的清晨；"晨则夜露未晞，茶芽肥润；见日则为阳气所薄，使芽之膏腴内耗，至受水而不鲜明"，指明了采茶时辰直接影响茶叶的鲜嫩程度及茶叶质量。最后，采茶要掌握具体要领、指法。"凡断芽必以甲，不以指"，采茶必以甲而不以指；"以甲则速断而不柔（揉），以指则多温而易损"，不要让茶叶在采摘过程中受到物理损害；"虑汗气薰渍，茶不鲜洁"，避免汗渍污染以保持其鲜洁度。

中国制茶历史悠久，自发现野生茶树，从咀嚼茶树的鲜叶开始，发展到生煮羹饮，再到饼茶散茶，期间经历了一系列变革。自唐至宋，贡茶兴起，成立了贡茶院，即制茶厂，组织官员研究制茶技术，从而促使茶叶生产不断改革。三国时期已有生叶制成茶饼记载，唐朝发展到蒸青团、饼茶，明朝出现窨花茶。制法由晒青、烘青演变为炒青，18世纪以后又创造了不少其他制法。

知识链接

红茶属全发酵茶，在加工过程中发生了以茶多酚酶促氧化为中心的化学反应，产生了茶黄素、茶红素等新成分。红茶是以适宜的茶树新芽叶为原料，经萎凋、揉捻（切）、发酵、干燥等一系列工艺过程精制而成的茶。红茶的鼻祖在中国，世界上最早的红茶由中国明朝时期福建武夷山茶区的茶农发明，名为"正山小种"。武夷山市桐木村江氏先祖是生产正山小种红茶的茶叶世家，至今已经有400多年的历史。正山小种红茶于1610年流入欧洲，1662年红茶被带入英国宫廷，喝红茶迅速成为英国皇室生活不可或缺的一部分。英国人挚爱红茶，渐渐地把饮用红茶演变成一种高尚华美的红茶文化，并把它推广到了全世界。

茶汤红艳明亮，清澈透明

各类名茶都是精选优良品种茶树上的幼嫩芽叶，专工焙制而成。当春季茶树发芽时，即由茶树上采摘嫩叶。茶叶采摘后，马上就得进行焙制。制法不外乎晒干、揉团、摊开、焙烘几个阶段，因焙制的方法不同可分为花茶、绿茶、红茶、砖茶等茶叶种类。

春茶

三国时期，魏朝已出现了茶叶的简单加工，采来的叶子先做成饼，晒干或烘干，这是制茶工艺的萌芽。

炒茶

唐朝中期，各地制茶技术日益提高，重视炒和焙。唐朝以生产团茶、饼茶为主，发明了蒸青方法制饼茶，同时还生产蒸青散茶。唐朝蒸青做饼已经逐渐完善，制作分为蒸、铸、拍、焙、穿、封等几道工序。刚采摘的茶叶有很浓的青草味，于是将择好、洗净的鲜叶入甑釜中蒸，蒸后用杵臼捣碎去其青气，再将茶末去汁后压制茶团或茶饼，然后将这些团、饼串起来焙干、封存，使茶叶苦涩味大大降低。蒸而不捣者为散茶，捣而不拍者为末茶。

宋朝，茶成为普及的饮料，制茶技术精巧奢华。宋朝制茶技术发展很快，重视蒸和焙。北宋年间，盛行龙凤团茶。宋朝《宣和北苑贡茶录》记述："宋太平兴国初，特置龙凤模，遣使即北苑造团茶，

知识链接

真正的花茶出现在明朝，并逐渐走向成熟。明朝是中国茶类大发展时期，已废团茶为散茶，大量生产炒青、烘青、晒青绿茶，为花茶生产奠定了基础。同时花茶窨制方法也有很大的发展，出现"茶引花香，以益茶味"的制法。明朝顾元庆（1564—1639）在《茶谱》的"茶诸法"中说道："木樨、茉莉、玫瑰、蔷薇、兰蕙、桔花、栀子、木香、梅花皆可作茶。诸花开始摘其半合半放蕊之香气全者。量其茶叶多少，摘花为茶。"其对花茶的原料选择、取花量、窨次、焙干等原始的花茶窨制技术记载比较详细。

191

炒茶

知识链接

  绿茶是中国的主要茶类之一，清汤绿叶是绿茶品质的共同特点。绿茶是以适宜茶树新梢为原料，经杀青、揉捻、干燥等典型工艺过程制成的茶叶。其干茶色泽和冲泡后的茶汤、叶底以绿色为主调，故名绿茶。据传，元朝末年，朱元璋的起义军中有羊楼洞茶农带绿茶一起从军，军中腹痛者服用绿茶后病愈。朱元璋建立明朝，茶农刘玄一请皇帝为茶赐名"松峰茶"。太祖朱元璋因常饮羊楼洞松峰茶成习惯，遂诏告天下，因此刘玄一成为天下第一个做绿茶的人，朱元璋成为天下第一个推广绿茶的人，羊楼洞则成为天下最早做绿茶的地方。

以别庶饮，龙凤茶盖始于此"。龙凤团茶的制造工艺非常复杂，据宋朝赵汝砺的《北苑别录》记述，有蒸茶、榨茶、研茶、造茶、过黄、烘茶六道工序。茶芽采回后，先浸泡水中，挑选匀整芽叶进行蒸青，蒸后冷水清洗，然后小榨去水，大榨去茶汁，去汁后置瓦盆内兑水研细，再入龙凤模压饼、烘干。宋朝已能利用香料熏茶，在上等绿茶中加入龙脑香作为贡品。这已是中国花茶窨制的先声，也是中国花茶的始型。

  明清时期，茶叶的焙制加工技术发生了巨大的变化，主要是生产叶茶和芽茶。1391年，明太祖下诏"罢造龙团，唯采茶芽以进"，废龙团兴散茶。皇室提倡饮用散茶，民间蔚然成风，并将煎煮法改为冲泡法，这是饮茶方法史上的一次革命。明朝茶的加工炒制方法和品饮都有了创新，出现了炒青技术和功夫茶艺，从而推动了茗茶发展和许多茶类的创新。

  蒸青散茶能更好地保留茶叶的香味，但香味依然不够浓郁，而炒青技术利用干热能更好地发挥茶叶香气。炒青绿茶始自唐朝，刘禹锡著的《西山兰若试茶歌》有"山僧后檐茶数丛……斯须炒成满室香""自摘至煎俄顷余"等语句，说明嫩叶经过炒制而满室生香，这是至今发现有关青绿茶最早的文字记载。经唐、宋、元朝的进一步发展，炒青茶逐渐增多，到了明朝，炒青制法日趋完善，在《茶录》《茶疏》《茶解》中均有详细记载。制法与现代炒青绿茶工艺大体相似，高温杀青、揉捻、复炒、烘焙至干。

饮茶——品出来的中国传统文化

  茶文化意为饮茶活动过程中形成的文化特征，以茶为载体，是茶与文化的有机融合。我国人民在几千年的饮茶实践中，发展了独具特色的茶文化，茶文化成为中国传统文化的重要组成部分。饮茶之风"始于唐，盛于宋"，中国人饮茶，注重一个"品"字，崇尚意境高雅。"品茶"不但是鉴别茶的优劣，也带有神思遐想和领略饮茶情趣之意。饮茶习俗作为传承已久的文化现象，在我国历代人民生活中一直占据着特殊的位置。

唐朝是华夏民族的鼎盛时期，各种文化共同发展、百花齐放的时期，茶文化的发展也达到空前的高度。陆羽所著的《茶经》是中国茶文化中划时代的标志，从茶叶的起源、种类形状、生产工艺、使用器具、烹煮方法以及相关的历史事件、出产地都做了详细的介绍，奠定了中国茶文化的理论基础。长安作为唐朝的政治、经济、文化中心，荟萃了茶界名流、文人雅士，他们办茶会、写茶诗、著茶文、品茶论道、以茶会友。唐朝的茶文化主要是以僧人、道士、文人等的饮茶习惯而形成，比如"大唐清平茶""大唐贵妃茶""大唐文士茶""大唐禅茶""大唐民俗茶"等各具特色的茶文化。

唐朝盛行禅宗，禅宗重视"坐禅修行"，讲究排除杂念，心无外物，专注于一境，以达到身心"轻安"、观照"明净"的状态。茶道提倡清雅宁静、和谐自由，茶是禅宗的最佳饮品。宁静修身的禅文化，赋予了茶文化独具特色的气质，儒、道、释三家思想渗入到中国茶道精神、中国茶文化的观念层面。茶文化活动与儒、道、释等主流文化思想广泛渗透，相互影响，相辅相成，在不断传承的过程中积淀为礼乐教化，成为"美教化、厚人伦"的中华民族风尚。

宋朝就是茶文化的成熟鼎盛阶段，宋朝的茶文化达到了艺术的境界。宋朝是历史上茶饮活动最活跃的时代，饮茶上至皇宫贵族，下至寻常百姓，各有各的品茶方式。宫廷秘玩的"绣茶"，文人自娱自乐的"分茶"，民间茶楼、饭馆中的饮茶方式更是丰富多彩。宋朝茶文化受到宫廷皇室的影响，都或多或少地带上了一种贵族色彩。

茶文化

宋徽宗赵佶极其爱茶，是历代皇帝中写茶书的唯一人物，所著的《大观茶论》一书论述了茶叶产地、采制、品饮等，内容十分全面。宋仁宗特别推崇一种通过精工改制的"小龙团饼茶"贡茶，珍惜倍加，即使是宰相近臣，也不随便赐赠，只有每年在南郊大礼祭天地时，中枢密院各四位大臣才有幸共同分到一团。宋朝饮茶风俗深入到民间生活的各个方面，在开封、临安两都，茶肆、茶坊林立，客来敬茶的礼俗也已广为流传。

明朝，追求饮茶自然美和环境美的结合，在保持茶本身的美感同时，注重自然环境及人文环境的美，在饮茶人数上有"一人得神，二人得趣，三人得味，七八人是名施茶"的说法。明朝饮茶很重视对水的选择，有"不易致茶，尤难得水"的说法，上好的茶叶不易得到，上好的水源更是难求，所谓"茶性必发于水，八分之茶，遇十分水，茶亦十分矣。八分之水，试十分茶，茶只八分耳"，说的就是一瓢好水对一壶好茶的重要性。

清朝，茶馆成为一种平民式的饮茶场所，发展为茶文化中独特的内容。江苏、浙江一带只有几千户的居民小镇，而茶馆达百余家之多。茶馆不仅仅是饮茶的场所，又是品尝点心及听书的场所。茶馆主人邀请艺人说书或演唱，吸引茶客，茶客一边品茶，一边赏戏听曲，得到充分的艺术熏陶，客主同乐，气氛很活跃。

知识链接

宋朝风行评比调茶技术和茶质优劣的"斗茶"，亦称"茗战"。新茶制成后，茶农们为了评比新茶品序而进行比赛活动。"汤色"和"汤花"是斗茶决定胜负的两个主要因素，最后综合评定味、香、色。"汤色"指茶汤的颜色，以纯白如乳为上。"汤花"指汤面泛起的泡沫，其色泽和汤色的要求一致。最后，品评茶汤，汤汤要味、香、色三者俱佳，才能最后获胜。南宋刘松年所绘《斗茶图卷》真实生动地描绘了民间斗茶的情景。几个茶贩在买卖之余，巧遇或相约一起，息肩于树荫下，各自拿出绝招，斗试较量，个个神态专注，动作自如。

茶坊，即人们喝茶的地方，既是爱茶者的乐园，也是人们休息、消遣和交际的场所。不仅是一种产业，更是一种文化。自古以来，品茗场所有多种称谓，茶坊的称呼多见于长江流域，两广多称为茶楼，京津多称为茶亭。此外，还有茶肆、茶寮、茶社、茶室、茶屋等称谓。中国的茶坊由来已久，据记载两晋时已有了茶坊。"茶坊"的初级形式出现在唐朝开元年间，乡镇中有煎茶出卖的店铺，投钱取饮。宋朝出现茶户、茶市、茶坊。宋朱彧《萍洲可谈》："太学生每路有茶会，轮日于讲堂集茶，无不毕至者，因以询问乡里消息。"这种茶饮聚会的习俗流传至今。

古往今来，但凡讲究品茗情趣的人，都注重品茶韵味，崇尚意境高雅，强调不同的茶叶、不同的环境和不同的人物身份所需茶具的选配是不同的。随饮茶而生的茶具，其造型、色泽，更是令人目不暇接。它们既是实用品，又是精美的工艺品。江苏宜兴的紫砂茶具，造型优雅古朴；江西景德镇的清瓷茶具，白如玉、声如磬、薄如纸、明如镜，造型典雅多姿。

在中国文化艺术宝库中，以茶为题材的茶诗、茶词、茶画、茶剧、

宜兴紫砂壶

《清平调》

茶艺表演

茶舞、茶歌、茶书等可谓多若繁星。中国古代著名文学家李白、杜甫、白居易、苏轼、陆游、李清照等，都曾写诗作词对茶进行描写和赞颂。唐明皇李隆基曾邀请大学士李白品尝全国各地进贡的新茶，李白诗兴大发，挥毫写下了千古名篇《清平调三首》。当代具有世界声誉的文学家老舍先生的名作《茶馆》，曾风行舞台的舞蹈《采茶捕蝶舞》、民歌《请茶歌》等，都可以说是家喻户晓、妇幼皆知。

在几千年的饮茶实践中，各地还逐渐形成了各具特点的茶礼、茶艺、茶俗、茶德。广东、福建的功夫茶，广西苗族、瑶族、侗族的油茶，蒙古族的奶茶，藏族的酥油茶，云南白族的烤茶，不仅制作讲究，而且煮茶、沏茶、饮茶有一定的礼仪规范，带有浓郁的地方和民族特色。古代婚俗中，聘礼用茶，谓之茶礼。明朝汤显祖的《牡丹亭·硬拷》："我女已亡故三年，不说到纳采下茶，便是指腹裁襟，一些没有。"清朝孔尚任的《桃花扇·媚座》也有："花花彩轿门前挤，不少欠分毫茶礼。"饮茶习俗的形成、发展和传承，构成了我国源远流长、底蕴丰富的"茶文化"，并成为我国传统文化中不可或缺的组成部分。

结语 精耕细作：中国传统农业技术的精华

　　农业经济是我国古代社会经济的主干，在我国古代社会始终处于主导地位。我国素称"以农立国"，列朝帝王都有耕籍田、祀社稷、祷求雨、下劝农令的仪式和措施，并且无一例外地把"重本抑末""重农抑商"作为"理国之道"。中国是多熟农业的发源地之一，农具的制作、牛耕的发明、农书的刊行，都著称于世，显示了中国古代农业的发达。

　　精耕细作农业是中国传统农业的精华，是传统农业的一个综合技术体系。我国古代华夏民族聚居地属于湿润、半湿润的大河大陆型地理环境，黄河、长江等大河滋养哺育了这片辽阔大地，为我们的先民从事精耕细作的农业生产提供了条件，以黄河、长江为中心沿河流走向辐射和带动中国古代农业技术不断发展延续。浙江余姚河姆渡和陕西西安半坡等新石器时代的农业遗址的发现，充分证明距今六七千年前的黄河、长江流域已经有了相当发达的原始农业，形成了中国独特的精耕细作农业技术体系。

　　精耕细作是中国传统农业的特征，也是中国传统农业技术体系的内核。没有不良的土壤，只有拙劣的耕作方法。精耕细作技术路线的基本内涵：指在一定面积的土地上，投入较多的生产资料和劳动，采取先进的技术、措施进行细致的土地耕作以提高单位面积产量。精耕细作的技术体系是传统农业生产力的基本内容，精耕细作的传统经验迄今仍是我国农业耕作的基本内容，并从根本上决定着我国农业的发展水平。萌芽于夏、商、西周、春秋时期，战国、秦汉、魏晋南北朝是技术成型期，隋、唐、宋、辽、金、元是扩展期，明、清是发展期。精耕细作传统农业的技术特点为农具不断改进，耕作技术不断提高，耕作制度日趋合理有效，加强田间管理，进一步挖掘地力，重视农业灌溉。

夏、商、西周、春秋是精耕细作的萌芽期，地处黄河中上游的中原地区的沟洫农业是其主要标志。随着夏、商、周国家政权的建立，原始农业开始向传统农业转变。

黄河中下游的伊、洛、汾、济等河流冲积的黄土地带以及河济平原是夏王朝的中心活动地区，这里具备发展农业生产的合适自然条件。夏朝的农业生产有了比较大的发展，传说禹的大臣仪狄自此开始酿酒，夏王少康发明秫酒的酿酒之法。现存最早的农业科学文献《夏小正》首次记载了当时的农业生产情况，种植谷物、纤维植物、染料、园艺作物，重视蚕桑和养马。

商王很重视农业生产，经常卜问农业生产事项，主持农业生产方面的宗教仪式，视察农作物的生长情况，农业在商朝中后期已经发展成重要的社会生产部门。商朝已经发明牛耕，卜辞里出现有象形牛拉犁起土的"犁"字，甲骨文里也发现有不少农作物的文字。在商朝的基础上西周农业有了较大的发展，主要农具是木制的耒耜。实行方块形的井田制，把耕地划分成一定面积的方田，周围有大的经界，中间有沟洫，阡陌纵横，像个井字，一般田地多修有排灌系统。每个主要耕作者授田百亩，所分配的田地每隔三年要互相更换一次。盛行"耦耕"，实行轮荒休耕制，有计划地进行耕作和撂荒。已经垦辟的农田经过几年的种植，地力开始衰竭就要有几年的撂荒退耕。撂荒三年左右再开垦种植，也就是所谓"辟草莱"。第一年伐木，第二年把草木灰作为改良土壤的天然肥料，第三年平整土地后再打垄挖沟，然后做成井田。不仅有深耕、熟耘、壅本等，而且还注重选种、中耕除草、施肥、灌溉、防治病虫等，使精耕细作农业得到进一步发展。

春秋时期，铁器和牛耕的使用，为精耕细作提供了条件，沟洫农业逐步走向衰落，农业发展进入了一个新阶段。管仲曾向齐桓公建议"恶金以铸锄夷斤，试诸壤土"，人们开始用牛拉铁质的犁耕地，铁农具的使用具有划时代的意义。《国语·晋语》："夫范、中行氏……今其子孙将耕于齐，宗庙之牺，为畎亩之勤"，说明牛耕技术得到普及。出现当时世界上最先进的垄作法，把田地开成一条条高凸的垄台和低凹的垄沟，把庄稼种在垄上。垄的高低、垄距、垄向因作物种类、土质、气候和地势而异，垄台土层厚，利于作物根系生长，垄作地表的昼夜土温差大，有利于光合产物积累，垄台与垄沟位差大，利于排水防涝。

战国、秦汉、魏晋南北朝是精耕细作技术成型期，农业生产工具的多样化大大提高了农业生产力，主要标志是北方旱地精耕细作技术体系的形成和成熟。

战国时期，从耕地、整地、播种到定苗、中耕除草、收获，已经有一套完整而合理的技术措施，合理轮作、改良土壤、施肥保墒等农业技术上的精耕细作传统开始建立，逐步形成了独具特色的农业科学体系。精耕细作传统的建立反映在耕作制度上的表现为出现复种轮作制，黄河流域的一些地方可以一年两熟，"人善治之"就能"一岁而再获之"。战国时期，我国农业进入一个新的发展阶段。此时成书的《吕氏春秋》一书中，有现存最早的专讲农业政策和农业科技的《上农》《任地》《辩土》《审时》四篇著作，标志着我国精耕细作传统农业技术的形成。《上农》篇阐述的是农业理论和农业政策，反映了新兴地主阶级的重农思想《任地》篇；说的是土地如何改造、利用《辨土》篇谈到了不同土壤的不同耕作种植措施；《审时》篇辨析了种庄稼与时令的关系，这三篇论述了耕地、整地、播种、定苗、中耕除草、收获以及不违农时等一整套农业生产技术和原则。

秦汉时期，我国古代科学技术处在世界领先地位。铁制农具和牛耕进一步普遍化，由于推广比较进步的新农具和耕作技术，农业比较发达。秦朝铁农具使用面更广，器形也有进步，当时已出现了全铁的犁铧。汉朝铁农具更加多样化和专业化，有镰、锤、镬、搏、耜等。汉武帝向全国推广"用耦犁，二牛三人"的耕作法，由三人操作两牛挽一铁犁，保证了垄沟整齐，达到深耕细作的目的。耕作农具在西汉时成套完善起来，出现了三角形犁，铧变为犁冠，为使耕地的同时碎土和翻土掩埋为肥，发明了犁镜（或称犁壁）。汉后期，由于双辕犁的使用和犁铧形式的改进，又出现过一牛一犁的犁耕法。

汉武帝时，搜粟都尉赵过在关中总结、推广"代田法"，是耕作技术上的一大贡献。"代田法"就是把垄和沟逐年代换，作物种子播在沟里，中耕除草的时候把垄土推到沟里，培壅苗根，第二年垄处作沟，沟处作垄，地力轮番利用，可使庄稼扎根深而致生长健壮。汉成帝时期，氾胜之在关中总结、推广的"区田法"，是汉朝耕作技术上的又一次重大突破。区田法的基本原理就是"深挖作区"，密植，集中而有效地利用水、肥，保证充分供给农作物生长发育所必需的生活条件，以取得单位面积的高产。区田法充分发挥人的作用，开出小区，集中使用水肥，深耕细作，用地养地，争取高产的办法。东汉时期，精耕细作的农业耕作方式得到进一步推广。东汉大尚书崔寔模仿古时月令著专书《四民月令》，在叙述一年例行的农事活动里记载，地主田庄的农业经营，注意时令节气，重视除草施肥，因地制宜，合理密植，并能及时翻土晒田，双季轮种，提高土地的利用率。

魏晋南北朝时期，黄河流域以精耕细作为特点的农业生产技术已经日臻成熟，传统农业的精耕细作体系已发展到基本定型的阶段，该时期统治者劝课农桑均以提倡精耕细作为要旨。耕作工具和耕作技术有了较大进步，牛耕得到广泛普及，广泛使用双辕犁"一人一牛"的耕作方式，在此基础上，又演变出长辕犁与适合山地耕作的犁。继承汉朝精耕细作的传统，北魏《齐民要术》是世界上现存最早的杰出农书，书中所描述的农业技术就是精耕细作的典型代表。从《齐民要术》的记载可以发现，农用工具种类增多，使用方法大有改进。《齐民要术·耕田篇》对耕耱技术有详细的要求，"耕、耙、耱"即是北方旱地精耕细作技术体系的核心。

隋、唐、宋、辽、金、元的历代统治者先后采取了一些发展农业生产的措施，比较重视农学知识的普及和总结以指导农业生产，比较先进、适用的农业生产工具得到推广普及，精耕细作的农业生产技术体系进入全面扩展时期。一方面，北方地区基本继承了《齐民要术》中所总结的理论和技术；另一方面，随着全国经济中心的转移，南方农业生产也迅速发展，受北方"耕、耙、耱"配套技术的影响，"耕、耙、耖"的普及标志着南方水田精耕细作技术体系进入了深入发展阶段。

隋唐时期农业生产水平有了很大程度的提高，锄、铲、镰、犁等农业生产工具都有较大改进，水利设施广泛且完善，由此为精耕细作的农业生产技术的扩展创造了必要条件。唐朝已经普遍使用灌溉工具，南方主要应用翻车、龙骨车、曲筒等，北方则主要用桔槔、辘轳、滑车等。耕翻土地已广泛使用牛牵引的铁犁，当时发明并使用的曲辕犁（或称江东犁）就是一种结构相当完善的耕作农具，这种"江东犁"由十一个大小部件组成，深耕浅耕都能运用自如，土垡整齐均匀。其他耕翻平整土地的农具还有铁鎝、耙、砺礋等，铁鎝便于深掘和敲碎土块，耙、砺礋则方便破碎土块和平整地面。由于生产工具的改进，适应水田和各种土壤的精耕细作，精耕细作技术得到进一步完善和提高，特别是南方水田的精耕细作技术逐步成熟。

宋元时期，传统农具基本上发展到完善和定型的阶段，种类繁多而完备构造精巧而合理。宋朝已有犁、耧、耙、锄、镰等成组的铁质农具，多样化的农具适合不同环节和土质的耕作需要。利用犁、耙、砺礋等农具对土地进行细致耕翻以后，土壤更细碎，地面更平整，适合水稻插秧及灌溉的基本要求。为了平整田面，南方又出现了一种水田特有的农具"耖"，"耖"的普及标志着南方水田"耕、耙、耖"精耕细作技术体系的形成。

明清时期，精耕细作农业继续向广度和深度发展，北方两年三熟制和三年四熟制，南方长江流域发展多种形式一年两熟制，南方水田的精耕细作技术体系进一步走向成熟。明清时期，人口激增、耕地吃紧，客观上要求土地利用率必须达到一个新的水平。一方面，致力于增加复种指数，提高单位面积产量，更充分地利用现有农用地，南方稻麦两熟制或双季稻已占主导地位，北方两年三熟制或三年四熟制已基本定型。另一方面，积极引进和推广原产美洲的玉米、甘薯、马铃薯等高产作物，改变了我国主要粮食作物种类的构成，推动了农业生产技术的提高。

精耕细作技术体系的基础和总目标是提高土地利用率和土地生

产率，采取各种措施改善农业环境，发挥土地生产潜力，勤于管理提高农业生物生产力。精耕细作的技术规范和技术体系体现在选种、耕地、施肥、中耕、灌溉、农作制等各个方面，概括了农业技术体系的基本特征。

中国古代的天、地、人"三才"理论形成了中国传统农学特色显著的农时学、农业土壤学和农业生物学的知识及理论，深含精耕细作和集约经营的道理。《吕氏春秋》作为论述"天、地、人"关系的经典著作，《审时》篇中就有"夫稼，为之者人也，生之者地也，养之者天也"。它把农业生产看作庄稼与天、地、人诸因素组成的整体，对农业生产中农作物与自然环境和人类劳动三者的关系做了一个系统的概括。农业的本质是农业生物、自然环境和人构成的相互依存、相互制约的生态系统和经济系统，既是自然再生产又是经济再生产，农业生物离不开周围的自然环境，又离不开作为农业生产主导的人。

中国古人充分发挥主观能动性，克服自然条件的不利因素，发挥其有利因素而创造出"精耕细作"这种巧妙的农艺。以集约的土地利用方式为基础，其所有的措施都是围绕着提高土地利用率，增加单位面积农业用地的产品数量、质量和种类。积极采取生物技术措施改善农业环境，重视提高农业生物本身的生产力，相互联结共同构成中国传统农业的"精耕细作"技术体系。